认真做事，
这个世界终将会狠狠奖励你

苏小鹿 著

图书在版编目（CIP）数据

认真做事，这个世界终将会狠狠奖励你 / 苏小鹿著
. -- 北京 : 北京联合出版公司 , 2018.6

ISBN 978-7-5596-1872-6

Ⅰ . ①认… Ⅱ . ①苏… Ⅲ . ①成功心理—通俗读物
Ⅳ . ① B848.4-49

中国版本图书馆 CIP 数据核字（2018）第 055490 号

认真做事，这个世界终将会狠狠奖励你

作　　者：苏小鹿
策划编辑：王成国　高瑞洋
责任编辑：楼淑敏
装帧设计：末末美书

北京联合出版公司出版
（北京市西城区德外大街83号楼9层　100088）
北京联合天畅发行公司发行
三河市京兰印务有限公司印刷　新华书店经销
字数：235 千字　889 mm × 1194 mm　1/32　印张：10.5
2018 年 6 月第 1 版　2018 年 6 月第 1 次印刷
ISBN 978-7-5596-1872-6
定价：39.00 元

目　录
CONTENTS

PART 1
认真做事，才会皆有可能

认真做事的人到底有多酷　002

认真工作，终会赢得回报　006

不认真还什么都想要，真好笑　009

不喜欢自己专业的人，现在活成了什么样子　012

生活有时很糟，但你仍要坚持　016

求而不得是人生常态，百折不挠方得正果　019

我们都曾把生活过成一地鸡毛　022

不小心跌入池水，只能奋力向前　025

没有一种工作是稳定的　028

最容易焦虑的原来是这些人　031

人生，永远没有准备好的那一刻　033

PART 2
你若不努力，谁来成就你

二十几岁，请努力活成自己喜欢的样子　038

多提升自己，你不比任何人差　041

不努力怎么过上向往的生活　044

你自己都不努力，有什么资格怪别人不帮你 047
你只是看起来很努力 050
努力，从来都不会太晚 053
不努力一下，都不知道以前的自己有多差 057
少问凭什么，多想想为什么 061
一无所有的年纪，试错成本是最低的 064
毕业了，社会没有义务惯着你 068
成年人的世界没有“容易”两个字 071
没有退路的孩子，只能选择拼命奔跑 074

PART 3
积极的人生才配谈公平

不是社会对你不公平，是你不够优秀 078
不怕这个世界残忍，就怕我们放纵自己 081
上天不会辜负任何一个努力的人 084
远离那些妨碍你进步的人 087
想接触到优秀的人，得先把自己变优秀 090
选择很重要，坚持更重要 094
工作做不好，只是因为你没有全力以赴 097
你“葛优瘫”的样子，真的让人很着急 100
究竟要不要逃离北上广 103
总在意别人的看法，你的日子还过不过了 106
听说，你想找一份钱多活少离家近的工作 110

PART 4
全力投入，才能换来意想不到的惊喜

有一一种迷茫，是源于你的不上进 114
你焦虑，是因为你从未全身心投入 117
多学一样本事，就少说一句求人的话 121
二十几岁，一穷二白又不丢人 124
说白了，你就是不肯承认我比你优秀 127
大学生们，为什么不建议你去乙方公司 131
嘴上说的喜欢不一定是真的喜欢 135
年轻就要敢于尝试 138
为什么你跳槽后，薪水却没有涨 142
别人想拉你一把，你却连手都懒得伸 146
硬聊是一种什么样的体验 150

PART 5
我就是我，独一无二的我

二十几岁，你要如何富养自己 154
独处的时光是最好的增值期 157
不拜金，但真的要努力赚钱 160
那么多人逃离大城市，可我还是想留在这儿 164
你以为的好运气，其实和侥幸并没有关系 167
即使是一颗螺丝钉，也要做不可替代的那颗 171

坚持会很辛苦，不坚持却会痛苦 174
既然人生已经不能更糟，你还怕什么 179
你知道吗？学会拒绝是人生的必修课 183
用自己的爱好赚钱是一种什么样的体验 187
让人不舒服的玩笑，还是别开了 190
你那么爱反驳，怪不得没人喜欢你 193

PART 6
饭要一口一口地吃，路要一步一步地走

只要你敢迈步，路就会在脚下延伸 198
追求财务自由，也要立足现实 200
最牛的投资就是投给自己 203
遇到难题，我们都选择了自己扛 206
不是我变了，我只是没按照你想的那样去活 209
既可以朝九晚五，也可以浪迹天涯 212
发脾气是本能，收脾气才是本事 215
脾气永远不要大于本事 218
对喜欢麻烦你的人大胆说“不” 221
讨厌一个人时，应当怎么办 224
你不是心直口快，你是口无遮拦 227
小朋友，调皮一下怎么了 231

PART 7
你所有付出的爱，都将回报你

原来对的爱情真的会让人越来越优秀 236

哪有什么天造地设，还不是努力适应对方 239

再怎么吵，还是想和你过一辈子 243

爱他就和他好好吃每顿饭 246

爱情即使没有明确开始，也要认真结束 249

这个城市不大，可是我们却再也没有见过 253

爱情很美好，但绝不是归宿 257

在外面对你不好，怎能爱你一辈子 260

垃圾食品可以吃，垃圾恋爱就别谈了 263

帮你介绍对象，就是在祸害别人 266

那个当了备胎的男同学 268

宁可单身一辈子，也不要找个人凑合 271

《我们仨》教会我们如何爱 274

PART 8
宁缺毋滥，即使单身也不能放弃认真过

如果连婚姻都要将就，那要爱情干什么 278

如果认真喜欢，千万不要错过 282

不要活在回忆里，对自己的现在负责 285

认真对待感情，认真对待自己 288

想把你舍不得买的东西都捧给你，是因为我在认真爱你 292
好好在一起，幸福是需要认真经营的 296
幸福，也需要你主动争取 299
认真活出自我，再考虑爱情和婚姻 303
单身，更要对自己认真 306
别让自己的玻璃心，扎伤离你最近的人 309
认真的喜欢，绝对不会牵扯暧昧 314
曾经一听就会流泪的歌，你现在还敢听吗 318
如果认真爱上，即使相隔千里也能甘之如饴 323

PART 1

认真做事，才会皆有可能

上学时的我们，总是向往诗和远方，总是觉得未来就代表着无限可能。踏入社会后我们才知道，只有生存下来才能更好地生活。而认真做事，是让我们过上更好生活的秘诀。

认真做事的人到底有多酷

超火爆的电影《战狼2》让导演兼演员的吴京再一次走进了大家的视野。这部电影得到了全民追捧，甚至有网友说，自从看了这部电影，每天都忍不住去看一眼它的票房，希望吴京能多分到一点钱。

吴京为了拍好这部军旅题材的电影，特意去部队当了一年多的兵，凭他这种认真做事的态度，他拍出的电影自然诚意满满。

我记得自己在电影院看这部电影的时候，场内没有人走来走去，没有人接打电话，没有人交头接耳，更没有人提前退场，所有人都在全神贯注地观影。电影结束的时候，很多人都是红着眼睛走出影院的。

所以，当这部电影刷新了票房纪录时，我们并没有惊讶，因为这部电影值得它所获得的赞赏。

那天我从影院出来说的第一句话就是：“认真拍电影的导演太酷了。”

我觉得不论哪个行业，用心做事的人迟早都会获得成功。

我家楼下有一家菜店生意非常红火，每次去那儿买菜都要排队，即使菜店一百米内就有一个菜品更多、选择性更大的菜市场。

菜店的前身是一家卖箱包的店铺，再之前是一家小超市，可是它们开业不久就相继贴上了“转让”的标志。因此，这家菜店刚开的时候，大家都没想到它能开两年，而且生意越来越好。

因为菜店就在楼下，所以和老板娘混得很熟，几次下来，大概了解了他们的故事。

老板和老板娘是安徽人，几年前来到上海打工，如今五十多岁了。由于年纪渐长，身体大不如前，打工变得越来越吃力，老两口便拿出多年积蓄开了这家菜店。因为附近就有很大的农贸市场，刚开业的时候，为了招徕生意，蔬菜价格定得很低。

我原以为他们慢慢会提高价格，没想到他们说：“我们赚的是销量，你们放心吧，会一直比菜市场便宜的。”

还真的一直便宜，就这样，一传十，十传百，顾客越来越多，他们的菜品也越来越多，从原本的只有蔬菜，到现在还有各种当季水果，结账都要排队了。

他们分工非常合理，老板凌晨两点去批发蔬菜，回来后和老板娘一起整理蔬菜，然后回去睡觉。老板娘六点开门营业，老板在下午三点左右返回店铺帮忙。

老板娘说，自己偶尔也会抱怨，因为真的太累了，可每当看到这么多顾客光临他们的小店，就觉得一切都值了。

夕阳的余晖照在老板娘灿烂的笑脸上，她说：“虽然我们薄利多销，不过成本已经收回，盈利还不少呢！”接着又笑着说，“上个月和房东续签了三年的合同。这样，大家可以经常在我这里买到物美价廉的蔬菜和水果了！”

真好，希望他们的生意越来越好，毕竟他们那么认真投入地在做一件事。

我有一个亲戚，十年前去苏州打工，进了一家机电车床工厂。

工厂里的大部分员工都是苏州当地人，带他的那个老师傅也是苏州人。由于老师傅不会讲普通话，为了快速学会技术，他进工厂的第一天就开始学苏州话。

刚进工厂的那两年，他几乎每天都是最早到工厂，也是最晚离开工厂的。

他说，那两年为了早日听懂苏州话，他总和师傅聊家常，没有一次是安安静静地吃饭。功夫不负苦心人，两年后，他的苏州话和当地人基本没什么差别了。

在那家工厂，他干了五年。从一名小员工做到了主管，后来带了上百个小徒弟，特别受老板重视。

五年后，他辞职单干，开了自己的车床店。

如今，他已经完全融入了苏州的生活，还在苏州有了一个幸福的家。

我有一次问他，那个时候，大部分人都想着玩，你是怎么做到那么认真地在做一件事的。

他淡淡地回答，因为一无所有，认真做事，才会一切皆有可能。

上学时的我们，总是向往诗和远方，总是觉得未来就代表着无限可能。踏入社会后我们才知道，只有生存下来才能更好地生活。而认真做事，是让我们过上更好生活的秘诀。

当你专注于某一领域，当你认真地在做一件事时，你会慢慢地打破层层不可能，然后看到属于你的可能。

认真做事的人到底有多酷呢？

大概就是，能得到自己想要的生活，将不可能变为可能，活出自己想要的样子吧。

认真工作，终会赢得回报

我的美女上司于上周六飞去美国总部公司工作了。

大约一个月前我知道了她要去总部入职的消息，只是没想到，周五还和我们一起工作的她，第二天就飞到地球的另一端了。

我们公司有一条规定，入职满一年，即可申请调到美国那边的公司工作。

当然，这只是硬性条件之一。并不是入职满一年的员工，你填一张申请表，公司就会批准的。管理层会综合考虑员工的各个方面，包括工作能力、英语熟练程度以及适应环境的能力等。

我的上司是名副其实的拼命三娘，有着出色的工作能力，是我工作以来遇到的最有责任心的职场女性。

记得我第一天入职的时候，另外一个同事带我去和她打招呼。她当时正坐在座位上和客户通电话，讲着一口流利标准的英语，并敲击键盘快速记录关键信息。

这样的场景令人很难忘记。后来我才发现，这样的场景其实每天都在上演。

她挂断电话后，我简单进行了自我介绍，她也介绍了一下自己，然后继续投入地工作。我回到座位上的时候，边上的一个同事拉了拉我的衣袖，悄悄对我说："你以后有的忙了，你的上司在我们公司是出了名的工作狂。"

客户都在国外，因为时差的原因，我们的上班时间相对自由，从下午一点到晚上十点。

早上我们还在睡大觉的时候，她就在家远程办公了，一个早上就几个越洋电话会议。

为了方便办公，她就住在公司附近，我有好几次刚醒来就会看到她给我发的邮件，发件时间居然显示是凌晨两点钟。

如此高强度的工作，一般人还真承受不住。

有一次加班，我忍不住问她："你怎么这么拼啊？"

她反问我："你觉得我拼吗？"

她见我沉默不语，不禁继续说："其实我从不觉得自己有多拼，我觉得自己只是在认真工作而已。我拿着老板的薪水，就要给他相应的回报，作为员工，认真工作是天职。在职场，每一天都要进步，如果你今天懂的知识和昨天的一样多，那就白白工作了，这也是我努力工作的原因。不努力提升自己，就只会原地踏步。"

不努力工作，就只会原地踏步，说得真对。如果你今年和去年懂的一样多，那你凭什么要求公司给你升职加薪？

我曾经以为她把工作视为生活的全部，后来才发现，并不是如此。她是个热爱生活，并懂得享受生活的女性。如果一定要用一句话来形容她，那她就是一个典型的认真对待每一件事的精致女子。

她把所有年假都用来旅游了，每次小长假，她都会休几天年假，拼凑出一周的假期出国游玩。她说自己没别的爱好，就是想认真工作，赚钱后到处旅行，她享受这样走走停停的生活。

职场从来不和你开玩笑，它只和你谈态度、表现和能力。任何一个行业，首先看的就是你的工作态度。态度不行，任何一件事都很难做好。

我同事的弟弟，是某银行的一名工程师，简单来说，就是程序员。今年是他在银行工作的第六年，前几个月刚刚升职成了项目经理。这个升职速度有点惊人，一般程序员都是做十年才会有当项目经理的资格。

同事说，自己弟弟的升职纯属偶然，之前的项目经理离职了，上级才让他顶替。

可比他弟弟有经验的员工那么多，为什么领导愿意把项目经理的位置交给他呢？除了前辈离职，职位空缺的因素，更多是与他工作态度和能力分不开吧。

若不是工作努力，就算机会摆在面前，也很难抓住。

网络上经常有人感叹自己怀才不遇，其实怀才不遇的人的确存在，但大部分抱怨遇不到伯乐的人都不清楚，自己也许并不是千里马。

越来越明白，工作是只要你付出，就会有回报的事。

只要你努力，无论在哪个行业，无论身处什么样的环境，这个世界都会看得到，也会给你相应的奖励。

不认真还什么都想要，真好笑

有个读者在简书上私信我，她说她现在读大三，特别迷茫，同一宿舍的人有的打算考研，有的打算考公务员，还有一个正打算出国，只有她什么想法都没有。

她每天都在复制粘贴前一天的生活，极其无趣却又不知如何改变。每次想要改变一下近况，又最终败给了手机。她问我：为什么别人的大学生活都那么精彩，到她这里就失去了色彩？她说她现在焦虑又迷茫，一点方向都没有。

与大一和大二相比，大三的确是同学们最容易焦虑的时候，因为这个时候过了大学的新鲜劲，却还没有准备好踏入社会，不知道自己该干什么，对未来的感受就是两个字：迷茫。

最为焦虑的可能是成绩中等的这类学生。他们算不上学霸，但也不是学渣。他们上课上得迷迷糊糊，人在课堂，心却在手机上。作业嘛，懒得全做，可又不敢全抄，害怕自己什么都不会，所以做一些抄一些。想要逃课却又心存顾虑，总害怕逃课后老师点名没人应答。在学校得不到什么奖，但不会违反学校的校规校纪。他们总想考个好成绩，但没有努力学习的毅力。

大家或许曾经都是这类人，对未来感到彷徨，却又迟迟不肯下定决心改变现状。

其实，很多人都会有焦虑迷茫的时候。我觉得这些不良情绪出现时，不妨给自己找些事情来做，让自己忙起来，就会忘掉焦虑和迷茫。

如果想要在学术上有所提高，你就考研，有条件的也可以出国。但是，倘若你考研只是为了逃避找工作的烦恼，那大可不必，否则你的研究生生活还是和大学差不多。

试着去找和专业有关的实习工作，千万不要担心找不到，一般而言，只要你谦虚好学、做事认真，都会找到在企业实习的机会。

所以要试着去改变，逐渐减少当下的焦虑。

小沫一直都想找个对自己温柔体贴的人，就是那种传说中的“别人家的男朋友”。但是，她一直没找到那个人。

她一直渴望爱情，却又觉得自己遇不到爱情。

看韩剧的时候，她总被男女主角的爱情感动，纸巾用了一包又一包。听到周围朋友的爱情故事时，她也会心生羡慕，希望早日找到自己的那个他。

可是，她整日活在自己想象的世界里，幻想着白马王子来找她。即使对一个男生有了好感，她也不会表现出来；即使出现了一个追她的男生，她也总是逃避，因为她害怕恋情不会长久。这种患得患失又不去用心经营的态度，让她失去了很多脱单的机会。

时间长了，身边的朋友也懒得为她安排相亲了，因为她总是一副渴望爱情却又并不用心经营的态度。

我想像小沫这样的人不少，明明渴望爱情，却又在爱情来临时不知所措，或者懒得花时间和心思与对方相处。既然你对爱情是这样的态度，月老又怎么会一直为你牵线搭桥呢？

所以，渴望爱情就要在爱情来临时牢牢抓住它，这个世界上没有人愿意一直为你主动。当你用心时，对方才能感受到你的心意啊。

每个人都有很多追求目标：追求优异的学习成绩，追求体面高薪的工作，追求完美的爱情……

毕竟好的东西，谁不想要呢？

然而，这个世界是公平的，你想要的东西别人也会想要，所以你若想得到就要认真做事。毕竟只有你用心，生活才会给你反馈，你不为自己争取，还指望别人送给你吗？

所以，想要的东西就去努力争取，不能想要却不用心。

不喜欢自己专业的人，现在活成了什么样子

高中同学大张大学时的专业是工程造价，班上的同学都喜欢自嘲毕业后就是搬砖的。

一开始，大张并不在意，但大一结束后，他很确定，自己不喜欢甚至厌恶自己的专业。他觉得自己读大学不是为了去工地干活，慢慢地，他也对这个专业产生了怨念，然后就每天一副不得志的样子。

看到别的专业的同学去上课，他就说："选了自己喜欢的专业，当然想去上课了，不像我，被分到这个农民工专业。"

期末考试前大家都早早去图书馆占位复习，他却宅在宿舍睡大觉，还心想：我都不喜欢这个专业，还复习干吗？一分付出，一分收获，于是他很自然地挂科了……

他还喜欢到处和别人说这个专业很糟糕，一次同学聚会，他向一桌子的同学抱怨："你们不知道我现在有多惨，一想到我学的这个专业，毕业后就是去工地搬砖，我就心塞。我对它丝毫提不起兴趣，所以我挂科了。我不知能否顺利拿到毕业证……"

前段时间，我了解到他还没有正经工作，总向别人说大学毁了他……

我特别不能理解，既然不喜欢这个专业，为什么不去学你喜欢的？怀着抵触的心理消极厌学就能扭转局面吗？很多同学在大学期间都选修了第二专业，大学结束后拥有两个专业的证书毕业。

怨天尤人并不能改变现状，一味地抱怨只能浪费时间，而充分利用课余时间钻研自己喜欢的专业，可能就会改变自己的生活。

我有个朋友是做安卓软件开发的，技术很棒，身边的小伙伴都称他为“大神”。

前几天和他一起打羽毛球，打了一个多小时后，我们坐在长椅上喝水聊天。在聊天时很自然地聊到了大学的话题，这才得知他并非毕业于计算机专业。

一个技术很棒的“码农”却不是科班出身，我惊讶地让他讲述自己的发展史。

“大神”毕业于南方的一所体育大学，他很喜欢运动，但这只是他的一个爱好，从没想过要以体育为生。他当初学体育也只是以它为跳板，进入一所不错的本科院校。

他特别热爱计算机，热爱敲代码，于是四年的大学生涯，他把所有的课余时间都用来自学计算机。周末同学们睡懒觉的时候，他早已去了图书馆看书翻资料；当室友结伴去网吧打游戏的时候，他独享宿舍的安静，跟着视频练习敲代码；当晚上大家忙着上网聊天的时候，他在默默观看网上的教学视频……

这一路走下来，有太多的不容易。

很多时候，计算机专业的同学看着那些代码都会头疼，但他靠着热爱不断地学习，才有了如今“大神”的称号。

大学里学着不喜欢的专业又怎样，你可以利用课余时间去学感兴趣的专业，没必要一味地抱怨。虽然起点低了一些，但当你涉足你喜欢的领域并不断认真钻研时，你就会乐在其中。

这就是热爱的力量。

我的一个大学同学和上面提到的“大神”的经历有几分相似，他本是计算机专业，但他一点也不喜欢，他喜欢建筑设计。于是，他把自己的课余时间都用来画画和钻研建筑设计了。

他的绘画功力特别好，学校的很多建筑在他的笔下都非常逼真地一一呈现。为了能考上设计类的研究生，将来从事这个行业，他一直努力着。每天早上六点他就去图书馆学习，晚上十点才回到宿舍休息，没有一天例外。可是，他这样努力，考研还是以失败告终了。

接下来的剧情却发生了反转，他凭着自己的能力找到了一份设计师的实习工作。接着，他以那段实习经历为跳板，进入了一家大公司工作，现在的他已经自己带小团队了。

我一直认为，那些经常抱怨专业没选好，导致不能从事喜欢的工作的人，都是不愿为自己的梦想付出任何努力的人。

倘若你真的不喜欢自己的专业，那就去学你喜欢的，即使你的大学不可以选第二专业，你也可以自学。

人们总会需要做出一些选择，读书时要在四个选项中选出正确答案，升学时会面临择校选专业，毕业后又要选择工作岗位，到了法定年纪还要选择合适的伴侣……选择似乎伴随我们这一生，有时你可能一不小心就会选错，不过我觉得这没关系。

当你选错时，你可以慢慢纠正，只要你愿意付出努力，终有一天，你会从事你喜欢的工作，找到你深爱的伴侣，过上向往的生活。

生活有时很糟，但你仍要坚持

每次路过上海火车站，都要去火车站楼下的一家店吃一碗酸辣粉。这家店的酸辣粉味道特别好，大概是我在上海吃过最好吃的酸辣粉了。

那天出差回来，我带着好友再次来到了这家店。与喧闹的广场形成鲜明对比的是，店内很安静，只在靠近店门的位置坐了四个脸上带着微笑的顾客。

我和朋友点餐之后就一直低头聊天，十分钟之后，我们感到店内安静得有些异常，于是抬头四处张望，这才发现那四名顾客一直在做着手势！怪不得店内如此安静，他们竟然是聋哑人！

天晓得我当时有多震惊，但是我没有露出震惊的表情。其实，我震惊的并不是他们身有残疾，而是他们虽然身有残疾却笑得如此明媚。

由于最近工作繁忙，我每天都像机器一样忙碌，很久没有露出这样的笑容了。

早年TVB的港剧里最常说的一句话就是："人活着，最重要的就是开心咯。”

是啊，其实活着，最重要的就是开心。可是，我们忙碌起来，大概都忘记“开心”这两个字到底是什么意思了。

无法否认，大家都想开心幸福地活着，可是有些人却会故意伤害别人。

震惊全国的杭州保姆纵火案，让人深刻地意识到有些人的心肠居然如此歹毒。这条新闻播出后，我都不敢浏览相关的消息，因为每次看到相关消息，我都会想到惨死的三个可爱的孩子和善良的女主人。

东野圭吾曾说：“这个世界上有两种东西不能直视，一是太阳，二是人心。”

杭州保姆纵火案把丑陋的人心赤裸裸地摆在了大家的面前，让人不忍直视。

人们总说“人之初，性本善”，从小我们也被教育要做一个正直善良的人。可是，杭州保姆纵火案让我们不得不承认，这个世界对善良的受害者一家一点都不友好，无论是保姆还是物业，都那么丧失人性。

可是，这个世界存在丑恶现象，我们就要放纵自己吗？我觉得不论这个世界如何，我们都应不忘初心，勇敢坚强地坚持下去，毕竟我们的生命只有这一次，不能不好好珍惜。

社会上确实存在丑恶现象，可是生活中也总有一些温暖的小事不时上演。

离小区五百米处有一个露天的自行车修理站，这个修理站所有的工具都放在一辆非常小的三轮车上，老板晚上回家时会把车上的所有工具锁起来。

我每天骑自行车上下班，因此经常光顾他的修理站，于是和老板渐渐熟识起来。

有一天早上，我发现车胎没气了，于是把车推到了自行车修理站。可是，修理站的老板还没来，而打气筒也被他锁在了三轮车上，我只好无奈地把车推到了公司。

我下班推车去打气时和修理站的老板闲聊，提到了这件事。没想到，我这有口无心的话老板居然放在了心上，从那以后他不再把打气筒锁起来，而是留在外面，方便骑自行车的人使用。

那一刻，我觉得这个世界特别温暖，老板就像天使一样散发着圣洁的光芒。

一些陌生人不经意间做出的暖心举动，会让你相信，这个世界还是有美好存在的。

最后送给大家一句话：生活有时候很糟，但美好还是存在的，我们应当不忘初心，坚定地走下去。

求而不得是人生常态，百折不挠方得正果

我的朋友小宋姑娘的梦想是成为一名老师，并且一直为之在努力。

教师资格考试的笔试成绩出来了，她一大早就怀着十二分的期待上网查询，然后做了一次深呼吸，才紧张地点击查询按钮。然而，那个页面上的结果不如人意。

再三确认自己没有合格后，她一整天都没有再说一句话。

我知道她很难过。为了考这个教师资格证，她一边工作一边复习。她经常对我说："小鹿，想到以后有那么多小朋友叫我小宋老师，我就很开心呢，每天复习都充满了动力。"

考完那天，她满面笑容地走出考场对我说："小鹿啊，我感觉我考得不错，应该可以通过。快祝福我吧！"一想到她距离自己的梦想又近了一步，我就由衷地为她开心。于是，我们去考场附近的饭店点了一桌子菜，然后我举杯对她说："恭喜你终于摆脱每天刻苦读书的日子了。"

那天的幸福场景还在眼前，现在的结果却这么让人悲伤。可是，失败本就是人生常态啊。换句话说，成功才是偶然的。

我知道，再多的安慰在这一刻都显得苍白，于是我给她讲了我另外一个朋友的故事。

这个朋友是我的高中同学，她大学毕业后在老家开了一家精品服装店。她一人身兼数职，既是收银员，又是服务员，还是进货的老板。由于她不懂经营，服装店的生意惨淡，经常付不起房租，不久，她的服装店就关门了。她苦苦经营却没有赚到一毛钱，还因此背上了一大笔债务。

原以为她会陷入悲伤，那段时间我都不敢主动找她说话，生怕哪句话说错了，惹她不开心。然而，她却主动对我说："小鹿，我破产了，不过我没有很难过，因为创业本是一件高风险的事，失败了很正常。"

去年，她又开起了服装店。这一次她吸取教训，找了一个可靠的合伙人一起认真打理。从服装店的选址到设计，从服装的质量再到进货渠道，他们投入了大量的精力。她的合伙人摄影水平不错，于是她们注册了网店，把店里的衣服搬到了网上。由于进货渠道和别家不同，他们店总能抢先上架最新款，因此销售形势喜人。

听她提过一句，去年网店的销售额就达上百万。我很羡慕，也特别为她开心。

她的服装店之所以成功，除了他们二人努力经营外，与她一直坚持的信念也有关。她向来认为，失败是人生常态，也从来不害怕失败，不给自己过大的压力，而是保持着平和的心态积极地把事情做好，因此，她才不会被艰难困苦打倒，才敢甩开手臂大胆地往前走。

考研失败、创业失败……是很常见的现象，人生本就如此。如果你的生活一直顺风顺水，那才让人感到意外呢。

在这个社会生活，每个人都想成功，都想实现自己的理想，大家也都会为之努力。因此，你要知道并不是只有你在为理想拼搏，也要明白拼不过人家很正常，因为，求而不得是人生的常态。

人生那么长，不如意事十之八九。大家可能都有求而不得和爱而不得的体验。从青春期的懵懂到成年后的顾虑，虽然有很多异性走进我们的生命，但并不表示我们就能遇到那个对的人。

前几天，小木喜欢已久的男神在朋友圈高调发布了一张照片，照片中男神和女友甜蜜相拥，男神还配上文字：就想这样陪你到老。

这甜蜜的照片和文字刺痛了小木的心，那晚她抱着手机足足哭了一个小时，最后用嘶哑的嗓音说："我怎么这么惨，我喜欢了他两年，这两年无数次对他示好，但他喜欢的人偏偏不是我。"

是挺惨的。可是你喜欢的人不喜欢你，这很正常啊。

谁都想有一份真挚的爱情，可是遇到对的人哪有那么容易？爱而不得和求而不得本就是人生常态，我们没必要因为一次失败的经历就觉得人生灰暗。如果经常想不开，那就太为难自己了。

人生不像电视剧，没有既定的剧本给你去演，只有当你走出第一步，才知道第二步怎么走。

在通往理想的路上，会有很多绊脚石，你不小心被绊倒了，不妨起身拍拍灰尘，继续前行。

我们都曾把生活过成一地鸡毛

最近和一个好久不见的好朋友芮芮在网上聊天，一开始是普普通通的几句寒暄。

她问："最近过得还好吗？"

我答："老样子，你呢？"

原以为她也是类似的回答，没想到屏幕就这么静止了。

几分钟后，我看着对话框，上面显示：对方正在输入……

又过了几分钟，上面仍然显示：对方正在输入……

我寻思着一会儿肯定会收到一大段话，没想到，下一秒，屏幕上只弹出一句：我这半年过得很不好。后面还配上了一个大哭的表情。

短短一句话，却让我突然不知道该怎么回复。我想，刚刚她一定在琢磨怎么回我这句话，一定是敲了又删，删了又敲，挣扎了很久才鼓起勇气给我发这句话。

我的心一阵刺痛，连忙问她怎么了。见我询问，她就滔滔不绝地向我讲述起这段时间的遭遇。

芮芮大学毕业后就回了老家，进了一家事业单位，但没有编制。由于和父母住在一起，她的行为总会受到一些限制，例如晚上八点不回家父母就会打电话询问，周末出去玩也要向父母报备。当然，这些不至于让她心烦，真正让她觉得身心疲惫的是接下来的一系列事情。

这半年，芮芮的爸爸由于腰椎间盘突出的病反复住院，她基本上是家、单位、医院三点一线地来回奔波。当然，这是为人子女应该承担的责任，她虽然疲惫但毫无怨言。

可是，父母这半年来几乎每天都因为一些小事发生争执，这让她感到很无奈。她不明白相亲相爱了二十多年的父母，怎么变成了这样。

家庭生活让她烦躁，工作也不顺利。为了能有编制，她计划着考公务员，于是买了教材和习题来学习。但是，以前很轻松的工作不知为什么忽然变得繁忙了。经理要求所有人加班，连续的加班让她头脑昏昏沉沉，根本没有精力准备公务员考试，更让她难过的是，她负责的项目出了纰漏，扣了她不少钱……

她觉得最近倒霉透了，工作、家庭、生活，没有一样让她满意的。

到最后，她自嘲地说："网上流行说，别让你的生活变成一地鸡毛。可现实是我的生活真是一地鸡毛啊，都说本命年会很不顺，原来是真的。"

我不知如何安慰她，但还是告诉她，既然不能再坏，那一切都会逐渐好起来。

虽然我知道，这句话很是苍白无力，甚至没有一个拥抱来得靠谱。

可是，人生总会有那么一段时间过得很差，觉得自己情路坎坷、事业不顺、家庭不幸福，觉得别人活得都好，就自己活得特别惨。其实，大家都会有悲伤的过往，谁的人生都不可能一直顺风顺水。我们只看到了别人光鲜亮丽的那面，其实在那光鲜亮丽的背后，谁不是伤痕累累？

谁的生活会毫无波澜？谁的工作会一直顺风顺水？谁的人生又会毫无磨难？如果生活毫无烦恼，那这样的人生岂不过于乏味！其实，我们把生活过成一地鸡毛又如何，我们完全可以把这一地鸡毛扎成漂亮的鸡毛掸子。

不小心跌入池水，只能奋力向前

家里的一个远房亲戚，我称之为阿姨，一直是大家聚会必谈的一个人物。没见她之前，我还怀疑大家对她的称赞是夸大其词，了解后才发现，我这位阿姨比他们说的还要优秀。

阿姨是会计专业出身，毕业于南方的一所大学。她毕业后的期望工资是1500元，可是只找到一份工资1000元的工作。虽然和她的期望薪资有点出入，但由于是外企，她还是很开心地去入职了。这些工资在当时只能勉强满足她租房吃饭等花销，所以她格外节俭。

为了尽快适应公司大环境，她一直努力工作，下班后还会经常翻看大量的专业书籍。勤奋好学的工作态度和扎实严谨的工作作风，让她得到了同事和领导的认可，于是入职一段时间后她得到了加薪。

刚进公司的时候，她的英文并不好，为了提高自己的综合竞争力，她报了一家英文辅导班，于是开始了白天上班晚上学英文的生活。一年后，公司有个出国进修的机会，领导毫不犹豫地推荐了她。以出色的成绩进修归来后，她再一次得到了升职加薪。

后来，公司为了拓展日本项目，鼓励大家学日语，她又去报了日语辅导班。现在的她讲英语和日语的流利程度，不亚于我们的母语。

由于经常出差，她住酒店的日子比住在自己家的日子还要多。这十年，她从一个小职员升到财务主管，又由财务主管做到财务经理，直到今天的财务总监，工资也随之翻了好几番。

家里曾有人问她，一个女孩子为什么要这么努力。她说："处在什么样的环境，就不得不做什么样的事。"

社会在进步，公司在发展，不多学点技能就只会被淘汰。换句话说，当一个不会游泳的孩子跌入池水中后，为了不让自己下沉，只能奋力尝试游泳。

再讲一个朋友的故事。

我一个朋友特别爱摄影，对摄影的痴迷程度不亚于任何一个爱手机的低头族。

他是一个普通的上班族，因为喜欢摄影，跟着视频自学了大量的摄影课程，然后用攒下的钱给自己买了一部心仪已久的单反相机。自从买了单反相机，他下班后和周末都会出去摄影，他背着单反相机走遍了所在城市的大街小巷，拍下了很多美丽的景色和人物。

他的摄影作品构图、角度和光线都特别用心，细节也处理得特别好。为了精益求精，他又自学了PS。我常常觉得，他拍出来的作品都达到举办摄影展的水平了。

前两年，他说："我想把自己的爱好当职业。"于是，他告别了朝九晚五的上班族生活，变成了一个自由职业者。

刚开始，他只能靠朋友的介绍接一两个单子，自己拍照和修图。由于他工作细致，客户很满意，慢慢有了良好的口碑。

客户为他介绍自己的朋友，也有些顾客慕名而来，他的生意越做越好，后来成立了工作室。现在的他很忙，每天忙着管理自己的团队，忙着向员工们传授自己的工作经验，忙着把自己的工作室做大做强……

他也想停下来，可是处在这个位置，就不能只考虑自己，而要对员工和工作室负责。

人的一生会遇到很多选择，路过很多岔口，每一次前行都是对生命的一种负责。

当你是学生时，你就必须完成一名学生的职责，认真学习。

当你走入社会，成为一名职员，你就必须完成领导安排的任务。

也因此，无论你身居什么职位，都需要拥有该职位的技能。如果你什么都不会，就只能一步一步走，一点一滴地学起来。

假如有一天，你不小心跌入了游泳池，为了生存，你必须不遗余力地使自己浮起来。

没有一种工作是稳定的

前年七月，在税务局工作的大张辞职了。朋友不解，父母更是气得吃不下饭，睡不着觉。大张很难过，因为大家都不理解他。虽然税务局的工作福利好待遇优，是大家眼中的铁饭碗，但他就是不喜欢，因为他不愿意做这种一眼就看到头的工作，不想一辈子就这么过去。

关于公务员的好处，父母给他灌输了太多，以至于他闭着眼睛就可以列出数十条，可是他就是不喜欢，也不想再干下去了。

不是所有的父母都能懂你心中的情怀，也不是所有的父母都能了解“喜欢”两个字的含义，于是大张的父母为此愁苦不已。

大张的爸爸说：“多少人挤破了头想考个公务员，不就是为了它的稳定吗，要什么喜欢啊？”

大张的妈妈说：“你还小，不懂这个社会的残酷，有一份稳定的工作比什么都强。”

那段时间，他的父母说了太多类似的话，但他还是义无反顾地辞职了。

辞职后，他捡起了从小到大的爱好——摄影。他的父母虽然一直觉得他这个爱好可以陶冶情操，但还是坚决反对他以此为业，因为他们不相信一部小小的相机能给他带来稳定的收入。

大张辞职后的第一年，每个月只有摄影兼职赚到的那微薄的3000元，这些钱还不够买一部相机的。父母见此情况更加反对他以摄影为生，但大张还是倔强地坚持着。

大张拍出来的照片真的没话说，构图、光线、细节等都无可挑剔。一个客户拿到相片之后赞不绝口，后来接连介绍朋友找大张摄影。

那几个客户都是大老板，他们看到大张的摄影作品之后也连连称赞，立马决定要和大张长期合作。

他们的订单很大，钱也给得很多。大张实在忙不过来了，于是就开了自己的工作室，建立了一个小团队。现在大张工作室的营业额还在稳步增长。

很多人都说他特别幸运，但幸运不就是机会恰好撞上了他的努力吗?

大张说："我特别理解父母那一辈，他们都希望能有一份稳定的工作，然后娶妻生子安安稳稳地过完一生。但我认为，人不能为了所谓的稳定就不顾自己的情怀，人总归是要有自己的追求的。"

这个世界上根本不存在稳定的工作，因为只要你辞职，不就终止了那份稳定吗?

我认为所谓的稳定，其实不是不辞职，而是就算辞职了，你也能找到适合自己的工作并生活得特别好。

我不禁想到了我的闺蜜怡姑娘，她就是那种无论在哪儿都能找到好工作的人。

编导专业的她，毕业后却从事了新媒体运营的工作。一方面她是畅销书作家李尚龙团队的编辑，另一方面她自主创业，经营着自己的线上形象课程。她是那种知道自己要什么的人，然后一直在努力朝着自己的目标前行。

她待过四川，也做过北漂，现在又到了苏州。地点不同，不变的是，不管到哪儿，她都能做自己想做的事。

怡姑娘用自己的行动告诉我们，我们追求的不应该是父母眼中的稳定，而是提高自己的能力。无论身处世界哪个角落，都能通过自己的能力找到喜欢的工作，都可以活得很好。

我觉得这就是对“稳定工作”最好的定义。

前段时间流行一句话，没有一种工作是让人不想辞职的。同样，没有一种工作是稳定的。这个世界上不存在什么稳定的工作，如果有，大概是能力止于此吧。

在这个世界上，每个人都有自己的追求。也许有人追求稳定，这是无可厚非的事。但无论在哪儿，凭自己的能力得到更好的，做自己更喜欢的事，这才是我们更应该追求的。

最容易焦虑的原来是这些人

这几天被一封中产阶级的绝望信刷屏，讲的是北京一个手握500万的中产家庭的焦虑。

一个典型的北京中产阶级家庭，刚卖掉北京的一居室凑够了500万，准备买学区房时，受到了限购政策的打击，首付被提高到80%。为了买房，夫妻只能假离婚，但离婚第二天又遭遇了“离婚一年内不能买房”的政策。最后两人手握500万，在北京却面临无家可归的尴尬局面，愤而决定移民……

不论这条新闻的真假，但它表现出来的中产阶级的焦虑却是真实存在的。

500万对于我们绝大多数普通人来说，无疑是一笔巨款，可以做很多想做的事，买很多心仪已久的物品。但是如果参照物换成中产阶级的话，又是另外一种情况了：手握500万却没资格买房，在北京面临无家可归的尴尬局面，放在手里又害怕贬值，于是变得无奈和焦虑。

有时候我会想，作为一名普通人，我们可能因为买到一件喜欢的衣服、吃到一顿丰富的食物就非常开心。这可能是因为我们不会奢求太多东西，也不会害怕失去一些东西，所以我们很容易满足。中产阶级手握更多财富，可为什么比我们焦虑？我想可能是因为他们顾虑太多反而不开心，他们害怕手里的钱贬值，也害怕自己会忽然失去手中的财富。

在知乎上有人提问："读书时，你身边哪一类人最容易焦虑？"点赞最多的一个回答是："成绩中等的人最容易焦虑。"

这个答案有点出乎意料，却又在情理之中。成绩中等的人听课听得似懂非懂，作业做一些抄一些，想要逃课却没胆量，每学期都会下决心好好学习，可是总不能坚持下去，学期结束后，又总会为自己的不争气懊恼。总之，成绩中等的学生想上进却难以保持努力，又总害怕落后，所以他们比其他同学更容易焦虑。

学霸们会努力学习，想方设法保持自己的排名。学渣们即使考不好，也不会难过焦虑，因为老师和家长已经习惯。所以学校里，最容易焦虑的反倒是成绩中等的那些人。

其实每个人都会焦虑，这是人的正常心理。当焦虑情绪出现时，我们首先要学会接受它，然后搞清楚自己焦虑的原因，最后通过努力完成自己的心愿，这样我们就可以缓解焦虑，并慢慢战胜它。

人生，永远没有准备好的那一刻

我们总是想着等到时机成熟了，等到自己准备好了，就可以做自己想做的事了。

可是，现实不是这样的。

生活不是炒菜，不可能等材料齐全再下锅，况且炒菜时下锅后还有可能发现少放某种调料呢！

人生也是这样，永远没有准备好的那一刻。

刚升大四时，班上的同学们都去找实习单位。张肖也不例外，他满怀信心去寻找，可却到处碰壁。

一个星期没找到实习单位，他就放弃了，然后每天宅在宿舍玩游戏。

大家问他为什么不去实习，他给出的理由是：自己还没准备好，等拿到毕业证就容易找到工作了。

拿到毕业证之后的确会更好找工作，但实习和毕业证之间不存在必然联系。很多企业都会给年轻上进的大学生机会，即使你还没毕业，只要你认真工作，企业仍会欢迎你。况且企业本身就不会指望大学生刚进公司就能掌握专业本领，给公司带来利益。所以只要你愿意付出，找一家单位进行实习并不是难事。

如今毕业生越来越多，找工作的也就越来越多，在正式工作之前，如果你的简历上有漂亮的实习经历，那必然会成为你的加分项。不实习，在毕业的起点上，你就先落下了一大截。

后来，张肖终于如愿以偿地拿到毕业证了，可他发现工作还是很难找。

那个时候，大部分同学都从实习的单位转正了，而他的简历却乏善可陈，他开始后悔之前没有努力找实习单位。

所以，拿到毕业证后，你就真的准备好了吗？

实际上，人生就没有准备好的时候，那些等时机成熟的话只不过是在给自己的偷懒找借口。

能力是一步步积累的，不可能一蹴而就。所谓的准备好，是从你踏出去的第一步开始算的。

之前有读者对我说，他也想写作，但总觉得自己读的书还不够多，文笔还不够好，还没做好开始的准备。

其实哪有人是准备好了才写的。我经常是想到什么就写什么，写不出来就去看书，有输入了之后，自然就会有输出了。一旦开始写，就会越写越好，因为写得多了，写作能力自然会随之提高。

就像谈恋爱、结婚、生孩子，顺其自然就好。不要给自己设定什么时候该谈恋爱，什么时候该结婚这样的限制。想谈恋爱就去谈，想结婚就去民政局登记。总有人觉得自己现在还不适合谈恋爱，打算过两年再考虑，殊不知，谈恋爱也是需要经验的，没有人第一次谈恋爱就知道如何经营。

在一段恋爱中，我们会吵架、任性，掌控不了这个度，这也是大部分人的初恋会夭折的原因。但不管怎么说，每一段恋爱都能教会我们很多事情，让我们变得更加成熟。

我一个好朋友，二十几年来没有谈过一次恋爱，终于有了喜欢的人，却不知如何去开始这段恋情。她之前一直觉得自己还小，还不够成熟，还没到谈恋爱的年纪，结果心仪的对象出现了，却不知该如何向对方表白。其实踏出了第一步，才知道第二步该怎么走。

哪有什么规划好的人生，每个人的路都是一步一步摸索出来的，人生没有既定的剧本让你去演。

一场旅行往往是被我们觉得自己还没准备好行囊所耽搁，其实真的想去旅行就去啊。

人生就是这样，没有哪一刻是你准备好的。路是越走越宽的，人生也是。

PART 2

你若不努力，谁来成就你

生活对每个人都一样，你的努力程度决定了你以后生活的轨迹和模样。你心怀梦想并为了梦想不断努力，上天又怎么会不给你想要的生活。

二十几岁，请努力活成自己喜欢的样子

前段时间，因为回老家参加一个好友的婚礼，竟意外见到了初中毕业后就失去联系的另外一个好友娴姑娘。

婚礼上的意外重逢，让我们惊喜万分。我们相邻而坐，她向我讲了我们分开之后自己的生活。我听着她的叙述，一边为她感到骄傲，又一边暗暗为她心疼。

时间倒回到初中，那个时候我们整天腻在一起，女生之间的友谊一旦建立，连上厕所都要手拉手一起去。

无数次的谈天说地，我知道了娴姑娘的梦想，她的梦想很简单，她说："我以后只想做自己最想做的事。"

"是什么？"

"办一个小小的培训班，教小孩子弹钢琴。"

每次提到梦想，她的眼睛里就闪烁着耀眼的光芒。

天知道我当时有多羡慕她，因为我连自己的梦想是什么都不知道。

对了，她在初中时就能弹出好多好听的乐曲。午休的时候，我们就偷偷溜进学校的琴房，她弹琴，我是唯一的听众，只是我们经常被值班的老师揪着耳朵赶出来，因为琴声会影响大家休息。

不承想，高中之后，她的这条追梦之路走得并不顺利。

不是所有的家长都认可孩子的梦想的，当娴姑娘告诉父母她想考一所艺术院校，准备要去做一名音乐特长生时，她的父母立马表示了反对。

娴姑娘的妈妈说："小时候我让你去少年宫学钢琴，是为了让你在学习之外还有其他事情可做，不是为了让你以后靠弹琴谋生的。再说了，学艺术的有几个有出息的。"

娴姑娘的爸爸点头表示同意，说："是啊，学钢琴有什么用？现在找工作不容易，还是听我们的，安安心心地去学文科，以后出来当老师。"

无论娴姑娘说什么，家里都不同意她去做音乐特长生。无奈之下，她和父母达成协议，她去学文科，但平时不准以学业为重限制她弹钢琴。就这样，她最终去了一所师范大学。

娴姑娘对我说："那个时候我想通了，学师范并没有什么不好，我以后想办个培训班，肯定要懂如何管理学生，那师范这个专业对于我实现梦想也是有帮助的。"

上大学后，她把自己的课余时间充分利用起来，一有空就到一家钢琴培训机构当助理，虽然没有一分钱报酬。

她说："我那个时候没资格要报酬，因为我能力不够。不过，在那里当助理的两年我很开心，我每天都可以弹钢琴，还可以观察别的老师如何授课。在那里我真的学到了很多，其实这对我来说就是最好的报酬了。"

她在那家机构当了两年的助理，第三年就荣升老师，开始教小孩子弹钢琴了。接下来她又花费了两年时间，在这家机构积累了创业资金。

她手握创业资金和父母认真地谈了一次，她说："未来的路我想按自己的想法走，我已经成年了，我想自己选择人生，并会为自己的人生负责。"

这次，娴姑娘的父母虽然没有赞成，但也没有反对。

如今她的培训班办得有声有色，由于她的专业水平高，当地很多家长都抢着把自己的孩子送到她这里学钢琴。

我说："那你的培训班现在应该有不少人吧？"

令我惊讶的是，培训班规模并不大，只有三十人左右。

娴姑娘说现在并不想扩大规模，心急吃不了热豆腐，急功近利反而做不好。她本来只打算收二十个学生的，现在已经是扩招了。

目前，她只想教孩子弹好钢琴，等自己积累一些经验再扩大规模也不迟。

这就是娴姑娘，永远知道自己想要什么，永远能够按照自己的想法走下去，我为她开心。

生活最怕努力的人，娴姑娘靠着努力活成了自己想要的样子。

其实，生活对每个人都一样，你的努力决定了你以后生活的轨迹和模样。你心怀梦想并为了梦想不断努力，上天又怎么会不给你想要的生活。

二十几岁是人生最美好的年纪，在这个年纪，只要你为了自己想要的生活不断努力，就一定会活成自己最想要的样子。

你要知道，向着自己喜欢的方向不断前行，就不会错。

多提升自己，你不比任何人差

你有去服装店买衣服被导购问“你现在是高中生吗”的经历吗？有就对了，谁还没有类似的经历呢。

那个时候我们总以为自己还嫩，明明是二十几岁的年纪，却长着一张十六七岁的脸。但事实是，不是你看起来年轻，而是你太土了。

最近经常听到有人抱怨自己身高不高，穿衣服和粽子一样，土得自己都看不下去。身高是父母给的，我们无法改变。可是，如果你个子矮，就去看时尚杂志，学小个子穿搭技巧啊。你完全可以尝试改变自己的外在形象，可为什么不去改变呢?

我身边一个身高不足160厘米的姑娘，特别爱琢磨如何搭配使自己更美。每次和她一起逛街，总觉得她是不是长高了。

有一个和她身高类似的姑娘，一直主张内在美，认为那些看脸看身材的人都太俗。这个姑娘从不在外貌上下功夫，也不注重自己的身材，我们总觉得她在虚报身高。

办公室里有一个女同事什么都好，只有一点不好，就是每天都顶着满头的头皮屑来上班，就连衣领上也落上了头皮屑。她的头发每天都很凌乱毛糙，毫无发型可言。说真的，那样子挺恶心的。至少办公室里真的没人愿意和她待在一起超过三分钟。

那个时候大家喜欢点个下午茶去茶水间坐上半小时，享受一天中最美好的时刻，但是每次大家都直接跳过她，因为她头发上的味道太难闻。她只要洗洗头发就可以扭转这尴尬的人际关系，可是为什么迟迟不肯花心思打理一下自己呢?

出门的时候化个淡妆，涂点口红，花费不了多少时间，却会让自己显得很有精神，让别人看着也赏心悦目。

十八岁之后，你可以穷，但真的不能土，这和钱没多大关系。

前几天在肯德基，偶遇了一个很久不见的朋友，然后就坐在一起闲聊了一会儿。

当时，边上的一桌坐了四个人，在讨论“抵制韩货”。其中一个人越说越愤怒，说了很多“就一个小韩国，竟然敢和我们国家过不去，以后再也不会去韩国，再也不买韩货”之类的话。他的情绪激动，言辞激烈，偶尔还夹杂着脏话。

朋友听后马上对我说：“这些人，就不能理智爱国啊，不知道韩国又怎么得罪他们了。”

虽然觉得在公共场合说脏话不礼貌，但我一点也没有觉得他们不理智，反而为大家在这个关键时刻团结抵制韩货而感动。

我说：“哪有不理智啊，韩国帮助美国部署萨德，严重威胁了我们国家的安全，他们激动点儿又有什么关系。”

朋友似乎一头雾水，问道："萨德是什么？"

她问了这句话后，我真的感觉和她聊不下去了。

平时笨点傻点都没问题，但无知真的就是大事了。虽然我们不是国家领导人，也不是什么县长、部长之类的官员，但我们作为国家的一分子也应该多关注国家大事啊。

刷朋友圈和微博时，不要只关注谁的自拍美、谁长得帅，那些有关国家大事、民生社稷的新闻也要点开看一下。

要么闭嘴，要么多去了解，不要让你的愚蠢暴露出你的无知。

公司对面的一个广告牌上写着：不能经营好自己身材的人，也不能经营好自己的人生。

虽然广告词略显夸张，但我认同它传递出来的理念。

把看电视剧的时间稍微分点出来就可以多看一本书了。

三毛说过："读书多了，容颜自然改变，许多时候，自己可能以为许多看过的书籍都成了过眼云烟，不复记忆，其实它们仍然是存在的，在气质里，在谈吐上，在胸襟的无涯，当然也可能显露在生活或文字中。"

所以，多看点书提高一下，起码不会那么无知。

不用总去羡慕其他人过着你想要的生活，提升自己，你也可以成为别人心中优秀的人，过上别人羡慕的生活。

我们都是普通人，某种程度上，上天对每个人都是公平的。

学习一下简单的化妆技巧，你也可以变得美丽和精致；学习一下穿搭技巧，你也可以变得很有范儿；多看点书，你就可以提高自己的内涵和气质。

所以你看，提升一下自己，一点也不难啊。

不努力怎么过上向往的生活

讲一个朋友的故事，她真的特别优秀，却又比任何人都要努力。

惠姑娘是个学霸，毕业于清华大学，光听这个，就知道她有多优秀。

她另外一个身份是“富二代”，认识她之前，我一直以为“富二代”都是些娇生惯养的纨绔子弟。她的出现彻底改变了我对“富二代”的偏见，让我知道原来真有那种出生富裕之家，却还那么努力的人。

惠姑娘毕业后给自己放了一年假，利用这一年她走遍了中国的大街小巷，然后去欧洲和北美洲游玩了一番。当然，这的确和她优越的家境有关，否则毕业以后只能忙着工作和赚钱，哪有时间和金钱支撑你世界各地游玩。

她特别喜欢读小说，更喜欢自己写小说。出去游玩的这一年并没闲着，她把自己游玩时的所见所闻和所思所想记录下来，然后运用到自己创作的小说中。

惠姑娘现在是一名编剧，名义上工作时间是朝九晚五，实际上却是经常十二点才下班。由于工作繁忙，她每天和其他人一样点外卖，可是出身富裕的她从不抱怨辛苦。

惠姑娘说自己从没想过会进入影视行业，写小说只是出于爱好，没想到竟然被一个公司看上，哄去做了编剧。她说自从误打误撞地进了这个行业，就痴迷上了这份工作，人生有时候就是这么意外。

以前惠姑娘喜欢发微博和朋友圈，现在的她忙得根本没时间发自己的动态，因为她不是在和同事讨论剧本，就是在会议室里开会。

编剧这个行业，看着光鲜，其实工资挺少，所以惠姑娘做这一行，纯粹是为了自己的梦想。但她从来没有敷衍过这份工作，经常工作到凌晨，有时候和小伙伴们讨论到特别晚，就在会议室的沙发上凑合一晚。

惠姑娘如此勤奋刻苦，她身上的标签，被我们从“富二代”和“学霸”又换成了“拼命三娘”。

看到她，我们都感叹这年头比我们优秀和有钱的人却比我们更努力，我们还哪敢堕落，又哪敢抱怨自己辛苦。

惠姑娘用自己的行动告诉我们，无论你拥有什么样的身份，你都必须努力。人生全靠自己把握，想要什么样的人生，就自己努力打拼。

是啊，人生真的充满意外，谁都不知道下一刻会发生什么，唯一能把握的就是踏踏实实地过好当下。

惠姑娘社交工具上的签名是：你正在努力成为什么样的人，你就会得到什么样的人生，这一点，我从来不曾怀疑。

优秀的人自然会遭人嫉妒，身边不乏人说惠姑娘良好的出身使得她不用为钱发愁，可以无所顾忌地从事自己喜欢的工作，这一点无法否认。可是，惠姑娘自己付出的努力，也不能完全抹去啊！

身边优秀的人特别多，关键是他们还一个比一个努力，每当我想找借口偷懒的时候，我都会告诉自己：我想成为什么样的人、得到什么样的人生，都取决于我现在做出什么样的努力。

我想通过自己的努力，使自己和家人、朋友过上幸福的生活。为了实现这个目标，我不断地付出努力，我告诉自己：工作辛苦一点没什么，生活艰辛一点也没什么，命运掌握在自己的手中，你不努力怎么过上向往的生活？

你自己都不努力，有什么资格怪别人不帮你

周五晚上吃完饭去公园溜达，遇到了也在散步的江江姐，原本她已经要回家了，看到我之后就拉着我聊了几句。

江江姐是我的邻居，住在我的对门，现在在张江的一家知名教育公司上班，工作五年了，能力特别强。

她说，平时上班很忙，最期待的就是周末睡个懒觉。但公司有一条不成文的规定，必须二十四小时开机，所以她的手机从来没有关过机，因此最烦的就是周末接到一些无聊的电话。

没想到，上周末一大早就来了一个让她摸不着头脑的电话。

电话那头的人自称是江江姐的李叔叔，是她以前的邻居，电话主题简明扼要，他的女儿大学毕业了，请江江姐找份工作。

对于上班族来说，周末清晨的电话已经很不礼貌了，况且这种找人帮忙还理直气壮的口气，更让她懒得搭理。

江江姐上小学的时候就跟随父母搬家了，所以她对这个邻居完全没有印象。

一开始她还以为对方是个骗子，挂断电话后就给父母通话确认这个人的身份，没想到这个自称李叔叔的人还真是自己小时候的邻居。

父母告诉江江姐，李叔叔一大早就找上门来软磨硬泡要了她的电话，然后一分钟都没浪费，马上给江江姐打了电话，让他们连提前告诉江江姐的机会都没有。

江江姐根本懒得管这些事，但又不愿意让父母为难，只好让李叔叔把他女儿的简历发来。

对于刚毕业的大学生，她本就对简历没抱什么希望，打开之后，她发现比自己想象的更糟糕。

先别提美观，简历上没有实习经历，更看不出求职意向，就连基本的英语四级都没有通过。

她在微信上问女孩子打算找什么样的工作。

女孩子说："不知道。"

"那你有什么感兴趣的吗？"

"没有。"

这就尴尬了，这意味着，江江姐要给一个连自己想干什么工作都不知道的人推荐一份工作！

她对女孩说，没办法帮忙找工作，但可以指点她改简历，分析求职方向等。

其实这忙帮得已经够多了，大部分人毕业的时候，根本没有前辈会帮你分析，帮你规划。

可女孩子哭着给家里人打电话，说江江姐根本不用心，什么忙都不愿意帮。

女孩子的父母接到女儿电话后，二话不说就打电话给江江姐的父母，说："江江怎么可以这样对待自己的邻居，这么点小忙都不愿意帮，是在大城市待久了看不起乡下人吗？”

当她父母转述给江江这些的时候，她说：“工作本来就得靠自己，我只能引荐下她。我又不是开公司的，随随便便就能帮她安排个工作。”

然后，她拉黑了这个所谓的邻居。

其实这样的事，真的见怪不怪了，林子大了，啥鸟都有。

你自己都不知道要干什么，凭什么又希望别人帮你摆平一切？人千万不能异想天开，以为这世界上的人都是观世音菩萨，随时会解救你于水火之中。

有时候，这个世界真的挺残酷的，当你真的长大了，你会发现，在大部分时候，你只能依赖于自己。说白了，任何时候，都不要奢求别人的帮助。

我们一定要清楚，除了自己的父母，其他任何人帮你都是情分，不帮是本分。

我们都愿意帮助那些上进的人，有一句话是这样说的：当你努力的时候，连上帝都忍不住想拉你一把。

但是对于那些自己都不努力的人，又怎敢奢求别人拉你一把呢?

换一句话说，如果你自己都不努力，又有什么资格怪别人不帮你呢?

你只是看起来很努力

前几天，麻酱发消息给我，抱怨同她一起进公司的同事都加薪了，唯独她没有。她为此心情低落，好几天吃不下饭，睡不着觉，工作时更提不起精神。

她说：“难道是领导忘了我吗？要不就是那几个人走后门，贿赂了领导。”

我说：“这倒不至于吧，也许是领导看到了他们的努力。”

麻酱愤愤地说：“我也很努力啊，为什么领导就看不到我的努力啊？”

虽说麻酱是我很好的一个朋友，可是我并没有觉得她工作时有多努力。

她的确是按时上班，几乎从来没有迟到早退的情况，可是早上到公司，她先是晃晃悠悠地去给自己倒杯水，然后再偷偷地玩半小时手机才开始工作。

虽然她每天都按时完成领导给她安排的工作，可是，如果领导说周五下班前给出方案，她即使提前搞定，也绝不会提前上交自己的方案。因为她担心领导知道自己提前完成任务后，下次会给她更大的工作量。

工作时，领导交代大家的手机尽量设置成静音，可是办公室里总能听到她的手机铃声。因为她总是担心自己错过快递的电话、朋友的电话，担心自己无法及时回复朋友的微信。

每隔十几分钟就看一次手机，刷刷朋友圈，浏览几次微博，这样的状态是努力工作该有的样子吗？这样低质量、低效率的工作就是所谓的努力吗？

偶尔领导要求大家周末加个班，她总能找出一大堆自己无法加班的理由，时间长了，那些推辞，连她自己都不相信了吧？

我想，领导们久经职场，谁真的在努力，谁真的在混日子，他们看得一清二楚吧？

据我所知，麻酱的那些同事和她一样毫无背景，可是他们却真的在努力工作。那些麻酱瞧不上眼的同事利用碎片化时间反思工作可不可以做得更好，她却利用一切碎片化时间玩手机。

麻酱，你上次不是还对我说，你的一个同事，周末报了一个线上辅导班，你还对我说："真搞不懂他们，平时上班就挺累的了，周末还上课，真是又浪费钱又浪费时间。"

可是，你知道吗？他们这是在投资自己，努力提升自己啊！你以为领导真的平白无故就会给他们加薪吗？那是因为他们真的在努力工作啊。

麻酱，我想告诉你，你并没有真的在努力，你只是做出了努力的样子。这样的努力，到最后，只感动了你一个人。

读书时，每个班上都会有这样一些人，他们天天笔不离手，眼不离书，屁股不离板凳，看似每一节课都在认真听讲，可是成绩始终处于中下水平。

老师和家长似乎都搞不明白，为什么这么努力，成绩还是上不去呢？为什么大家都坐在课堂里认真学习，成绩却差距这么大呢？

其实答案很简单，因为他们只是看起来很努力，上课的时候貌似在认真听讲，其实他们的思绪早已飘到了课堂之外，课堂上的重点，一个都没有记住。

前段时间，有个读者在后台给我留言。她是一个大学生，今年读大二，她说她的四级没有过，可是她考前一直在刷题。

我问她："你准备了多久？"

她说："考前一周，每天都刷题到深夜十二点。"

看到她的回答，我不再为她抱不平了。

连续刷了一周的四级题就想侥幸通过四级考试，按照这样的逻辑，那些刷了三个月题目的考生岂不是应该得满分？

不要总觉得自己很努力，真正的努力是在课堂上积极主动回答老师的问题，课后认真整理笔记；真正的努力是在上班时认真工作，下班后还积极充电，提高自己的专业能力。

我们的每一天都应该过得充实而完整，每一天都不能虚度，也不应该虚度。

二十几岁，一切都有可能靠着自己的努力实现，你想成为什么样的人，就可以通过自己的努力成为什么样的人，做出什么样的成绩。

青春不是用来辜负的，青春是用来绽放的，在花一样的年纪，我们要真正努力。

有的时候，不妨问问自己：你是真的在努力，还是只是看起来很努力？

努力，从来都不会太晚

我的一个初中同学在上海某个饭店当主管，我刚来上海工作的那会儿，有一次她约我一起吃饭小聚。

那天，我在大厅等她下班。

当时前台的一个小姑娘正在读一本书。就在我假装弯下腰想看看书名的时候，她说："网上都在转载，人的一生一定要读的一百本书，这就是其中的一本。我害怕这辈子就这么过去了，说不定哪天生病就死掉了，所以现在读一下。"

我对她说的这番话感到很惊讶，因为那个小姑娘看起来比我还小，现在就开始担心生老病死这种事，未免太悲观了。这让我对这个姑娘不禁产生了一点兴趣。

接着她说："我不喜欢现在的工作。"

我四下看了一下，才确定她是在对我讲话。

初次见面就对我说她不喜欢现在的工作，我更加惊讶了。出于礼貌，我问道："那你喜欢什么？"

"我喜欢蛋糕。"

我又愣住了，我问她想做什么工作，她回答我喜欢蛋糕？！

这两者之间有丝毫的联系吗？

还真有联系。

继续聊了一会儿才知道，这个姑娘的家庭很贫困，在家里从来没有吃过一次生日蛋糕。第一次吃蛋糕，还是托舍友的福。

初中的时候，她住校，同宿舍的舍友过生日，父母买了蛋糕送过来，她们一起吹蜡烛一起吃蛋糕。她那时才知道，原来过生日是要吃蛋糕的，原来这个世界上还有这么好吃的东西。吃到最后一口的时候她竟然流泪了，那时她就暗暗发誓，将来自己有了小孩，一定要每年都给孩子过生日，每年都买生日蛋糕。

那一刻，我突然很心疼她，她的愿望竟然如此朴素，朴素到在很多人看来，甚至不算是愿望。

这时，我终于明白了她为什么那么喜欢蛋糕，因为在某种程度上，蛋糕对她来说意味着幸福。

当时我就鼓励她去蛋糕店学技术，可是她觉得自己都二十几岁了，现在才学，会不会太迟。

太迟？！

完全不会啊，想学东西永远都不会太迟，何况此时此刻是我们生命中最年轻的一天，对于余生来说，这是最早的时间，也是最好的时间。

几天后她真的辞职了，我那个初中同学还一直问我到底和她说了什么。

我什么都没说啊。

后来我从同学的口中再次得到了她的消息，那个姑娘以技术入股了一家蛋糕店，姑娘让我的同学对我表达谢意，感谢我当年对她说了那些话，她才有勇气去追逐自己的梦想。

我同学反复追问我那个时候到底说了什么，我仔细回忆了一下，我真的没说什么啊。

那个姑娘辞职后真的去蛋糕技术学校学了大半年如何制作蛋糕。由于她对蛋糕特别喜爱，所以学得格外认真，老师傅很喜欢她，于是把自己的本领毫无保留地教给了她。

从学校出来后她进了一家蛋糕店，由于她技艺精湛，做出来的蛋糕精致可口，常常有客人要求只要她做的蛋糕，甚至有其他蛋糕店高薪挖她过去。老板为了留住她，不惜让她以技术入股。因此，现在的她不仅有一份高薪水，年底更会有一笔较大的分红。

听到这个消息后，我真的为她开心，虽然我们只说过几句话，甚至连对方的名字都不清楚，但她这种接受对自己有利的建议，并积极地为自己人生努力的态度，值得我们每一个人学习。

我相信，那个姑娘的人生一定会变得越来越好，因为她一直努力着。

莫泊桑说：“生活永远不可能像你想象的那么好，但也不会像你想象的那么糟。”

真的是这样，如果你想要改变自己，一定不要找那些“太迟了”“我没有时间”的借口，你有想法就去为之努力，为自己的梦想拼搏努力，永远不会迟，也永远能挤出时间。

其实成功的要领，大家都知道，无非就是勤奋、努力、坚持、战胜拖延等。只是有些人听了就会记在心中，然后用实际行动证明自己可以办到，而有些人真的只是听听而已。

努力从来都不会太迟，不要总是问别人是不是已经太迟了这些话，你要是觉得迟，别人再怎么说也没有用。

前几天读到了几句话：有的人已经在一二线城市买房了，你却在纠结明天要不要早起背几个单词；有些人已经年薪几十万了，你还在犹豫买本书太贵。

你看，这就是格局。

永远不要觉得改变自己太迟，不是有这样一句话吗？种一棵树最好的时间是十年前，其次是现在。

努力，从来都不会太晚，现在就是努力的最好时间。

不努力一下，都不知道以前的自己有多差

凌飞三个月前换了一份工作，他在上一家公司待了一年多，每天都过得很清闲，工作量少，薪资也不高，口头和领导说一声就可以请假了，工作上没什么激情，也没什么动力。

都说由俭入奢易，由奢入俭难，工作也是如此，从一份安逸的工作跳到一份强度大一点的都会不习惯。凌飞也是如此，他想要换一份有发展空间的工作，却舍不得现在的轻松生活。直到半年前，他参加同学聚会，发现自己的同学都很优秀，他们都很喜欢自己的工作并很有干劲。

聚会后，他心里越发不安，觉得再这么安逸下去，一辈子就要毁了。于是，他开始努力，给自己充电，不久后跳槽到了现在的公司。

现在这个公司的规章制度都很完善，在一起工作的同事都很有上进心，员工之间公平竞争，而且只要有能力，就可以拿高工资并向上发展。

现在他每天下班后还会参加一些线上课程，为的就是提高自己的专业能力。

凌飞说："和频率相同的同事们在一起工作真是太有意思了，以前到下午两三点就开始期待着下班，数着时间过日子。现在一忙起来，很快就到六七点了，日子过得充实，来到了现在的这个公司才知道以前的自己有多浪费生命。"

工作上不多给自己一点强度，就不知道原来自己也可以变得优秀。

米姑娘的朋友圈一年都未曾更新，昨晚发了一张照片，大家纷纷点赞，还有些人惊讶地询问照片上的女生是不是她本人。

米姑娘发的是一张她瘦下来的照片，照片上的她妆容精致，身材苗条，女生看了都觉得美，更何况男生呢！

大部分人惊讶于米姑娘的蜕变，其实米姑娘本身不丑，她有着168厘米的身高，只是一年前150斤的体重掩盖了她的好身材，使她那一双大长腿显不出来。

米姑娘立志改变自己始于一次难堪的经历。一年前，我和米姑娘去商场买衣服，她看中了一件连衣裙，虽然服务员说没有适合她的尺寸，但她还是挑了最大尺寸的那件去试衣间试了一下，无奈裙子后面的拉链就是拉不上，她依依不舍地放下了那件衣服。我们刚走出那家店，背后的服务员就说了一句："那么胖，能穿上才怪。"

声音虽然很小，但我们都听到了，我生气地想要回去和服务员理论，米姑娘拉住了我的手说："没事，我们走吧。"

意料之中，米姑娘没有了逛街的心情，虽然她笑着说没关系，但我还是感受到了她内心的悲伤。为了逗她开心，我提议去吃冰激凌。

米姑娘认真地说：“要是以前，我肯定会和你去，但现在，我不能这么放纵我的胃了，我要减肥。”

原以为米姑娘和以前一样，只是说说而已，没想到她这次来真的了。

她办了张健身房的卡，每天下班后就在教练的指导下锻炼。她开始科学饮食，再也不碰高热量的食品了，更不会半夜拉着我去吃夜宵了。

米姑娘说：“管住嘴，迈开腿，真的会变瘦，不信你试试。”

她发了那条朋友圈后，我给她发了一条消息：现在的你变得越来越好了，就像脱胎换骨了一般，我真为你开心。

米姑娘回了我一大段：现在的我都不忍看自己以前的照片，那时候我还天真地觉得自己胖嘟嘟的萌萌的。如今发现，不对自己狠一点，怎么会知道原来自己可以变得这么美！坚持健身，让我也拥有了令人羡慕的身材，瘦下来之后，我忽然感觉生活特别美好，现在我只想努力生活。

不打扮一下自己，都不知道以前的自己那么丑。不瘦下来，都不知道原来自己也可以拥有魔鬼身材。

小冉是我朋友中特别爱看书的一位姑娘，每个周末，我们都会约上半天，一起看书并交流读后感。

现在的她下班后自己做饭，吃完饭后，就开始看书和写字。然而半年以前，她的生活还是另一番景象。那时的她，下班后只会点外卖，看肥皂剧。

上周末的时候，我问她这半年坚持下来的感受。

她说：“开始给自己做饭后，才发现以前吃外卖有多不爱惜自己的身体。坚持看书后，才发现以前的自己有多无知和浪费时间。”

人啊，不努力一下，真的不知道以前的自己有多差。

如果想让以后的你觉得现在的自己并不差，那就从现在开始努力拼搏吧。

少问凭什么，多想想为什么

夏夏是一名小学老师，前两天因为班里的小朋友太调皮，产生了辞职的想法。

她跟闺蜜小初抱怨："你说我这工作还有什么意思？班上的男孩子总是捣蛋，一个个鬼灵精怪的，稍不留神就给我惹事，每天都在跟他们玩心理战，工资还拿这么一点，我不如辞职算了。"

小初已经听惯了夏夏这一类的抱怨，象征性地问了一句："那你辞职做什么啊？"

夏夏转了一下自己的眼球，脸向上仰45度，就像马上就要赚到钱一样说："创业啊，你看那个谁，创业之后多潇洒啊，时间自由，赚的还是我们的几十倍。"

夏夏口中的那个人名叫大海，大海工作两年后辞职独立创业，现在有一家以他名字命名的教育机构——大海教育。

这三个人毕业于同一所师范大学，还是同班同学，但是毕业后选择的路不一样，所以如今的发展也是相差很大。

小初说："不是我泼冷水，真的不是每个人都能创业成功的。”

夏夏反驳道：“凭什么他可以呢？”

凭什么大海可以呢？大概因为他是一个非常自律、有想法、能吃苦、不抱怨的人吧。

很多人总以为独立创业时间自由，不受人约束，似乎不用工作就能赚到钱。不，不是的，大海创业时从早上睁眼的那一刻就开始工作，一直工作到凌晨才肯去睡觉。独立创业成为自由职业工作者后是没人约束了，也没人给你安排任务了，但那些隐形的任务是不可逃避的。

刚开始，为了招到学生，大海在网上看免费教程学习设计宣传单，做出宣传单后，自己去学校门口向进出的学生发放。

在他的宣传下，辅导班终于开张了，虽然只有几个学生，但他也做得有模有样。为了准备教案，他经常奋斗到凌晨，只为让学生听懂每一个知识点，提高学生的学习成绩。对于学生听不懂的问题，他会耐心地反复讲解，还会利用各种办法让学生真正理解知识点。为了让成绩不好的学生跟上大家的进度，他有时会把他们留下来，给他们开小灶。

他耐心负责的态度慢慢得到了家长的认可，家长们一传十，十传百，辅导班中的学生越来越多，从最初的几个学生扩展到如今的一百多个学生的规模。

大海曾经说过：“创业就像年少的爱情，害怕却停不下来。”

无论这条道路上遇到多大的困难，无论第二天还有没有学生来上课，他都不会退缩和抱怨，这大概就是他能把培训做得这么好的原因吧。

没有人可以随随便便成功，成功人士背后付出了太多的辛劳和努力。所以，与其想着别人凭什么能成功，还不如想想为什么别人可以成功。

上周末小影和闺蜜们约了下午茶，小影刚坐下来就要了一个冰激凌，同桌的两个闺蜜互相交换了一个眼神，意思是“心情不好，我们千万别招惹她”。

小影吃了一大口冰激凌说：“我们公司昨天加薪了，我加的太少了，和我同一时间到公司的小艾加的竟然是我的好几倍，这也太不公平了，凭什么啊？”

进入职场不久的人都有过这样的疑问：我们平时都干一样的工作，凭什么加薪时，他就比我们高啊？

凭什么呢？大概别人是真的在努力工作而且完成的质量很高吧。领导不傻，谁努力工作，谁在混日子，他一眼就能看清楚。

在小影的心中，小艾不就是多加了几次班吗，怎么就能多拿那么多钱呢？可是小影忘了，每次项目忙的时候，小艾都是努力工作，在按时完成自己任务的时候力求高质量，下班后，还能在办公室看到她忙碌的身影。小艾会为了提高自己的工作效率在下班时间请教前辈，会为了改PPT熬夜，也会为了使自己更专业看大量的书籍……

而小影呢，每天掐着准点下班，能五点钟下班，坚决不会待到五点零一分，时间长了，差距自然就拉开了。

所以，别拿运气不好来掩盖自己没有别人努力的事实。

在你纠结凭什么别人可以成功的时候，不如多想想为什么自己不能成功。少问凭什么，多想想为什么，会成为你进步的开始。

一无所有的年纪，试错成本是最低的

上周末，我收到了小堂妹的微信：姐，我准备去上海实习了，你帮我看看这家公司怎么样。

紧接着，我就收到了她发来的公司名字。

小堂妹今年大四，现在三月份了，也该实习了。在正式踏入社会之前，实习还是挺重要的。

电脑正好开着，我立即搜了一下那家公司。可惜，从零散的资料上根本看不出那家公司的具体信息，公司也没有官网，只有简单的介绍和公司地址。于是，我问了她将要实习的职位和报酬，听起来也还算可以。

我又问她，是一个人还是和同学一起？

她说，是老师介绍的公司，班上有几个同学会一起去。

我说，那你不妨试试。

她说："可是我害怕选错了，万一这家公司不好怎么办啊？"

字里行间，我看到了还是学生的她对未来的担忧和惶恐。她担心走错这关键的一步，给她的未来带来不好的影响，因为倘若这个公司一般，并不会为她的简历加分。

我明白她的担忧，于是给她发了一句：一无所有的年纪，试错成本是最低的。

接下来，我给她讲了我的故事。

大四时的我，看着身边的人相继出去实习，不禁有些着急，可是我不知道自己该选择什么行业，从事什么工作。

找与本专业相关的工作吧，觉得自己在按部就班，没什么可挑战的；找其他行业的吧，又不知道自己到底会什么。

两周后，一个偶然的机会，我去了一家互联网公司做网站编辑。这个职位和我学的专业没有太大的关系，但是那段实习经历让我学到了很多。

实习结束后，我没有留在那家公司，而是回到了我的本行，做起了软件测试的工作。

当时我觉得网站编辑的工作蛮有意思的，它让我了解了新媒体行业，但尝试之后还是想做回本专业。

由于前后两次工作内容基本没什么交集，很多人问我，会不会后悔浪费了大半年的时间，后悔没有积累到软件测试的经验。

说实话，是有一点。

可是不试一下，依照我的性格，日后必定会后悔当初一工作就做了软件这一行，后悔自己没有勇气体验一下其他行业。到时候，我付出的试错成本只会更多。我用了半年的时间，就了解了一个别的行业，也算很值了。

试错没什么可骄傲的，但从试错中总结思考得到的感悟却是宝贵的。

在一无所有的年纪，就算做了错误的选择也没关系，毕竟相比于以后，这个试错成本是最低的。

我一个高中同学，大二时就辍学去做了房地产销售。

近年来，各大房地产商都狠赚了一笔，连房地产销售都赚得盆满钵满。年前同学聚会时，他对我说，这两年，他赚了一百万。

我听后既惊讶又羡慕。我记得他辍学的时候，他的父母发了很大的脾气，甚至说出“不念完大学就不认这个儿子”这类话。毕竟在农村还是很看重大学文凭的，而且他所在的那个村就出了他这么一个大学生，他的父母一直把他当成自己的骄傲。没想到，他放着好好的大学不上，辍学做了销售。

他说，当初太莽撞了，冲动之下就退学了，一度和家里闹得很僵，幸好这几年事业有了起色，父母才原谅了他。他还说，某种程度上，学历是决定不了什么，但有时候学历还是很重要的。

他们公司总监以上的职位是有硬性要求的，必须是本科以上学历。二十六岁的他为了升职，不得不报考成人教育，拿下学历证书。

如今，他白天工作，晚上学习，周末还要去上课，每天忙得不可开交。

虽然他后悔当初的冲动，但这个试错成本并不是很高，而且在试错的过程中，也收获了不少。如今趁着年轻，他还可以通过努力拿下证书。

人生要经历许多岔路口，谁都不知道哪条路是对的，因此趁着年轻，大胆去尝试吧！不要害怕走错，因为在一无所有的年纪即使撞到南墙，我们也不怕从头再来。

作为芸芸众生里的一员，我们根本无法保证做的每一个决定都是对的，不是吗？还好我们还年轻，在一无所有的年纪，大胆去试错吧，因为这时的试错成本是最低的。

毕业了，社会没有义务惯着你

前几天一个小姑娘在地铁上打电话，地铁本就嘈杂，如果不认真听，根本听不清她在讲什么。后来，小姑娘的音量越来越高，说到伤心之处还哭了起来。

虽然不知道电话的另一头说了什么，但由于和姑娘靠得近，我大概厘清了这个姑娘的抱怨，大意是：我不就是不小心把咖啡洒到了客户身上嘛，多大的事啊，领导竟然扣了我一半工资，也太不近人情了吧。

姑娘觉得自己一直勤勤恳恳地工作，犯了个小错领导就要这样惩罚她，说到气愤之处，更是恨不得立即就去递交辞职信。

从她通话的过程中，我大概了解到这个小姑娘是个实习生，还未真正毕业。

对于一直都待在校园的她来说，在学校，犯了错可能只是口头上的批评，只要不是原则性的错误，学校一般都会睁一只眼闭一只眼。因此，像公司这样的惩罚她一时还不能接受。

小姑娘作为实习生，可能工资本就不高，再扣一半工资的话，肯定非常不开心。在她的认知里，老板向来喜欢压榨员工，但公司做出这样的惩罚其实一点都不过分，甚至还挺轻的。

某种程度上，客户就是上帝，公司的存活就是依靠客户的订单。你把咖啡泼在了客户身上，即使是不小心的，也会给公司带来不利影响。往小了说，客户可能因为你这个举动，对公司印象大打折扣。严重的话，还可能拒绝与公司签约，到时损失的钱算在谁的头上？

所以，没有开除这个小姑娘，只是扣她一半工资，这个领导已经够仁慈了。

社会就是这样，你必须为你犯的所有错误埋单。

在家时，父母会惯着你，爷爷奶奶、外公外婆也会惯着你。在家人的眼中，你是最好的，他们愿意无条件对你好。哪怕你犯了错，只要撒个娇，态度好一点，再承认一下错误，他们就会选择原谅。

在校园时，老师会代替父母管着你，教你知识和道理。即使你犯了错，也无非是罚站、多写点作业之类无关痛痒的惩罚。可是走出校园，踏入社会时，就没人惯着你了。

踏入社会，你必须学会承担所有的责任，对你说的话和做的事负责，因为没人会把你当成孩子和学生。踏入社会，大家都是成年人，你不能任性，也不能耍脾气，还必须明白“责任”两字的含义。这时你会知道，这个世界，除了父母，没人有义务对你好。

社会会用时间教会你什么是成长，什么是成年人的世界。所以，收起你的任性和坏脾气，不然这个社会会给你很大的教训。

刚毕业的时候，我们脑子里只有理论知识，实践操作能力很差，很多东西都不会。遇到搞不定的问题就着急请教老员工，但不是所有的老员工都有时间教我们，有的老员工甚至对你的请教不予理睬。他们这种做法可能多少有些苛刻，但会激励我们快速成长。

很多东西自己不学习和摸索，就不会留下深刻的印象。当遇到解决不了的问题时，我们不妨先试着上网查，实在解决不了再请教老员工。如此，慢慢积累，我们的工作能力就会不断提高。

人生的每一步都不是白走的，所有的路都是必经之路。我们坦然地一步步走过，就会慢慢地成长起来。

毕业后，社会没有义务惯着你，你必须在社会上摸爬滚打，一点点强大起来。

成年人的世界没有“容易”两个字

浦东软件园对面有一幢大楼施工已久，有一天中午，我像往常一样经过那边，正好看到工人们忙着吃午饭。

这些人吃饭的姿势很独特：有的人盘腿坐着，直接把饭盒放到地上吃；有的人蹲着，一手端着饭盒，一手拿筷子往嘴里扒饭；有的人站着，双手捧着饭盒匆匆进食……

想到马路对面高档餐厅的就餐环境和周到服务，再看工人们吃饭的环境和姿势，我不禁感到有些心疼和无奈。我想，他们中任何一个人的孩子看到这样的场景都会忍不住落泪吧？可是仔细想想，哪有活得轻松的成年人呢？

或许，成年人的世界里本就没有“容易”两个字。

我一个同事在上海上班，却住在苏州。虽说苏州和上海很近，但她每天的单程就要花费将近三个小时，来回就是六个小时。

可能很多人会问，那为什么不在上海租一间房子呢？

因为亲情，她的孩子、老公和双方父母都在苏州。

那为什么不在苏州工作啊？

她不是没有想过，她在苏州也应聘过五六家公司，但那儿的工资和上海相比，差得太远了，所以她宁可自己辛苦一点，也要帮老公减轻些压力，给家人带来更好的物质生活。

她经常说，就算每天在路上花费的时间有点长，但每每想到能每天看到孩子，就什么都值得了。

她还说，每天晚上看着熟睡的孩子，都是一种幸福。

一个印度同事，两年才回一次家。他不想家吗？在外的孩子哪有不想家的啊，更何况身处异国他乡的游子。但是，为了在上海多赚些钱，也为了节省机票钱把姐姐体面地嫁出去，他只好两年回一次家。印度的风俗和我们这边不一样，印度女孩子嫁人都是女方准备酒席、嫁妆、给男方钱等。

所以，成年人的世界里真的没有“容易”两个字，每个人都有每个人的不容易。

前段时间，我连续好几周从早上九点工作到晚上十一点多。因为工作强度大，周末就病倒了，头疼、感冒、扁桃体发炎，难受得要死。周一早上闹钟像往常一样按时叫我起床，可我真的起不来了。

身体中的两个天使一直在斗争。

A天使：都生病了，请个病假吧。

B天使：请假了会堆积更多的任务。

A天使：可是真的好辛苦。

B天使：你看那些工作的人，哪个不辛苦啊，成年人的世界哪有“容易”两个字。

…………

最终，我说服了自己，一边擦眼泪，一边起床上班。

大家知道上海地铁的早高峰有多恐怖吗？车来了，但你要排好几次队，才能挤上去，上去之后，你要转个身都很困难。

我有一天早上坐地铁，被人挤到一个妹子身边，但你们知道那位妹子在干啥吗？她在化妆。对，你没看错，那么拥挤的环境下，她在化妆！她一只手拿着小镜子，另一只手从包里拿出化妆品，先是打底，防晒、隔离、散粉定妆，然后画眉、画眼线、刷睫毛，最后涂了口红。她在拥挤的地铁上化妆，中途被挤得停下来好几次，用了将近一个小时才完成。

在这之前我肯定会想，为什么不在家化好妆再上班呢？但现在突然特别理解她。因为住得远，如果在家里化好妆再上班的话，可能就会迟到了，所以为了节约时间，只能一边坐地铁一边化妆。

在上海坐地铁，你会发现很多人一边坐地铁一边回复邮件或者看书。

每个成年人的生活都不易，因为大家都在为了更好的未来不断打拼。想给自己和家人提供更好的生活，就要不断努力。人生可能就是这样，艰辛和幸福本就共存。

只要你不放弃自己，你的生活就会越来越好。

没有退路的孩子，只能选择拼命奔跑

前段时间认识了一个做微商的朋友，就叫她十三姑娘吧，因为她真的是现实版的拼命十三娘。

我一直以为十三姑娘是专职做微商的，因为她每天都很忙碌，不是忙着打包她的货物，就是在忙着发货。后来才发现她不仅有着自己的本职工作，而且还做得特别好，她只是利用业余时间兼职做微商。

我经常在早上六点就看到她开始更新朋友圈，开始一天的忙碌，晚上十一点还在发打包东西的图片。

有一天，我问她："你怎么这么拼啊？一天二十四小时，每个小时都用来赚钱了。"

她说："大概没有退路的孩子，只能拼命奔跑吧。"

在我还没有消化完这句话时，她接着说："我是一个有故事的人，突然很想对你说说我的故事。"

在十三姑娘六岁的时候，她的父母就离婚了。后来，爸爸娶了后妈，妈妈嫁了后爸。她一下有了两个爸爸妈妈，但似乎一下又成了没爸没妈的孩子——后妈不待见她，亲妈又担心她会影响自己现在的家庭。

突然间，十三姑娘成了没人要的孩子，从此只能和爷爷奶奶相依为命。她从来没有享受过被父母宠爱的滋味，也从来不曾体会被父母接送上学是什么感觉。同学们嘲笑她是没人要的孩子，十三姑娘一度以为或许自己就不该来到这个世界。

上初中时，她就成为住校生了，每两周回一趟爷爷奶奶家。

那个时候，她特别羡慕那些有父母疼爱的同学，走读生每天都会带着妈妈做的爱心便当到学校，十三姑娘光看着便当盒，就知道那里装满了母爱。

寄宿生每天只能在食堂吃饭，但他们的父母会经常带孩子出去改善生活。而她，因为没钱，只能吃着食堂的米饭就着腌制的咸菜。

咸菜是奶奶亲手做的，十三姑娘安慰自己，这咸菜中夹杂着奶奶对她的爱，她不缺爱。

可每每想到奶奶那双布满老茧和一到冬天就皲裂的手，她又有说不出的难过。

即使咸菜再好吃，吃多了，也会想吐。加上正值发育年龄，十三姑娘的身体营养往往跟不上。现在，她闻到咸菜的味道，还是忍不住想吐。

上了大学，同宿舍的姑娘在逛街、上网、约会时，她只能去做兼职，因为不去做兼职，她连下个月的生活费都没有。

十三姑娘在读大学的时候，做过家教、发过传单、当过餐厅服务员、超市收银员……只要能赚钱，无论有多辛苦，她都会去做。

节假日来临前，其他同学都在期待回家与家人团聚，她却在考虑这个节日能赚多少钱。

这样努力的她却经常被误会。有一天晚上，她打工结束后从外面回来，正准备拿出钥匙开门，就听到舍友在讨论她，大意是说她爱钱如命，似乎就是为钱而活。十三姑娘没有说什么，因为她需要做的事情太多了，哪有时间和精力去辩解。

总有人问："十三，你应该攒了不少钱了吧？"

十三姑娘听到这些话只能尴尬地摇摇头，是啊，她每一天都在赚钱，可银行卡里的数字从来都不会增长很多。因为，她需要花钱的地方实在太多了，学费需要自己交，生活费需要自己赚，爷爷奶奶没有生活来源，她还要每月打钱给爷爷奶奶，她哪能攒到钱。

当别的女生在讨论哪个牌子的衣服好看、哪个牌子的化妆品好用的时候，她在算着这个月得赚多少钱才能给年迈的奶奶买个全自动洗衣机，给高血压的爷爷换一点进口的药……

那些只能依靠自己的人，他们不是天生就知道要向前奔跑，而是在命运的驱逐下不得不向前奔跑。

与十三姑娘相比，很多人是幸运的，因为他们有父母的保护，有爷爷奶奶、外公外婆的疼爱。可十三姑娘，只能依靠自己，才能让自己和爷爷奶奶生活得更好一点。

时间回到现在，我在她脸上丝毫看不到忧容，相反，她身上那种积极面对生活的态度却一直感染着我。没有人给她爱，可她却成了一个很有爱的姑娘。她乐观向上，靠自己的双手给了爷爷奶奶一个温暖的港湾，也给了自己一个可以不依赖任何人的未来。

没有退路的孩子，只能选择拼命奔跑。作为一个普通人，我们有时会不知如何走下一步，但我们要鼓起勇气去尝试，只有尝试了，才会知道如何走出更美好的人生。

PART 3

积极的人生才配谈公平

这个社会就是这么公平，你努力朝着自己的目标发展，梦想就不会只是空中楼阁。但倘若你自己都没有努力，还指望这个社会对你公平，那就只能是痴人说梦。

不是社会对你不公平，是你不够优秀

今年是文辉大学毕业的第五年，从毕业后开始，他就待在家里帮父母照看店铺，然后一直过着平淡无奇的日子。

文辉的父母在小镇上有一套房子，是一间门面房，一楼用于开店，二楼住人。他的父母经营着一家小型超市，别看这家超市不大，但货品齐全，日常生活用品应有尽有，尤其是零食种类繁多，深受小朋友的喜欢。

文辉一直没有一份正儿八经的工作，每天都待在家里，名义上是帮父母进货、清点库存，实际上却是为自己懒得出去工作找借口。

或者说他根本就没有想过找工作，也从未对未来做出规划。

白天，他经常在楼上睡觉，等到中午被父母叫了一遍又一遍才肯起床，然后吃完饭就开始玩游戏。

对了，他还挺喜欢和别人聊天，话匣子一打开就是没完没了地向人诉苦，从来不知道适可而止。比如，他抱怨自己生不逢时，没遇到那个毕业就分配工作的年代；他也抱怨生活没意思，每天都在重复前一天的生活；他更抱怨，这个社会对他不公平，让他怀才不遇……

成天抱怨自己怀才不遇的人，可能都没有想过，自己或许并没有什么过人的才能。

我觉得文辉把生活过成这样，恰恰说明这个社会挺公平的。

大家都说，外面的世界很精彩，但如果你不去闯一闯，又怎能体会到它的精彩呢?

不能因为你不去体验就说这个世界不精彩，同样，你不努力使自己变得优秀，就没有资格说这个社会对你不公平。要知道公平是留给那些努力生活的人的，只有努力的人，才能体会到这个社会的公平。

丹丹是我搬家之前的一个邻居，我上高中的时候，她就去当地的一个服装厂打工了。

那个时候，服装厂里的效益不太好，经常放假。放假的时候，大部分员工都只顾着谈恋爱，只有丹丹一直待在家里看书。她喜欢看服装设计方面的书，我看到后就鼓励她去上夜校，专业系统地学习服装设计知识。

等到我上大学的时候，基本上就和她没有联系了，慢慢地，她就淡出了我的脑海。

大三的暑假，我们竟然在车站偶遇了，巧合的是我们坐的还是同一班回家的客车。那时，我才知道她已经是苏州一家有名的婚纱店的设计师了。我很感慨，上天果真没有辜负她的努力。

原来，她真的去报了学校，专业系统地学习了服装设计。

在学校时，她认真学习，一有时间就阅读服装设计方面的书籍，连老师都夸她不仅有天赋还异常努力。后来，她曾经工作的那个服装厂倒闭了，厂里的许多工人只能选择南下打工。而她那时已经有了稳定的工作，拿着很高的薪水。

这个社会就是这么公平，你努力朝着自己的目标发展，梦想就不会只是空中楼阁。但倘若你自己都没有努力，还指望这个社会对你公平，那就只能是痴人说梦。

好友苏听风的新书《你所甘于的平凡，其实是平庸》告诉我们，大部分时候，我们可能混淆了平凡和平庸。

很多人都说，生活不需要大起大落，平凡一点就好。

是的，做自己喜欢的事，看自己喜欢的电影，交自己喜欢的朋友，想学游泳就去学，想去健身就去健身，想去旅行就出去旅行，这样的平凡才是最可贵的。

然而，如果你的生活是睡觉、玩游戏、敷衍工作，偶尔起了大早，还要睡个大觉补回去。这样的平凡其实是平庸。

王朔说过一句话："你必须内心丰富，才能摆脱这些生活表面的相似。"

只有自己内心丰富起来，努力为自己想要的生活打拼，这个世界才会对你公平。

越努力，越公平，不信你试试。

不怕这个世界残忍，就怕我们放纵自己

有个读者，他今年本该大学毕业，但他没有顺利地拿到毕业证书，更别提学位证书了。

原来这个读者上大学后，经常无故旷课，导致自己不能顺利毕业。大一的时候，他还算自律，偶尔逃课还会心有不安。大二时，他就开始心安理得地逃课，根本不知道专业课是哪几门，更别提认识专业课的老师了。本该上课的时间，他跷着二郎腿在宿舍玩游戏，连吃饭都懒得去食堂，全靠舍友帮他带回来。大四快毕业的时候，他才傻眼了——他竟然挂了六门课。

这个读者的父母是老实巴交的农民，他们把辛辛苦苦种庄稼的收入都给他交了学费，他却是这样回报的。

他说："我没有脸面对他们，我应该怎么办啊？"

早知今日何必当初这样的话都说烂了，今天的一切只不过是为自己过去的行为埋单。

高中的时候，你翘课，老师还会满校园找你，成绩退步一点，就开始找你谈话。但大学不一样，你必须自己约束自己，对自己的行为负责，因为你已经是成年人了。

成年人应该自律，可是总有人过着手机不离身，一到周末作息就混乱的生活。他们周末的时候会睡到十二点。醒了之后伸个懒腰躺在床上玩一小时手机，才慢悠悠地起来洗漱。可是这样还觉得自己比那些下午三四点才起的人强多了。

心情好的时候他们会出去吃顿饭溜达一圈，懒的时候就直接点个外卖，然后一边看视频，一边吃饭，不经意之间天就黑了……他们还总纳闷，明明白天有十二个小时，为什么自己的白天只有两三个小时？

这些人有的即使工作日也会刷微博、看视频直到深夜，听到有人说“我昨天熬夜到十一点”，他们会鄙视地翻个白眼，心想：十一点也叫熬夜，还好意思说出来？

每个成年人都必须对自己的人生负责，贪图一时的舒适，可能会给自己之后的生活种下苦果。要记住，放纵不可取，自律才会使自己优秀。

去年，我的朋友终于考上了自己心仪的学校的研究生。

考研之路不容易，没有良好的自制力根本不会成功。为了安心学习，她在学校外面租了房子，断绝了一切社交活动，还把手机关机后锁在了柜子里。她每天六点准时起床开始学习，中午吃过饭后小憩一会儿继续学习，晚饭过后做一套练习题再去休息。她一直埋头苦读，书本都快被她翻烂了，你说如此用心能考不上吗？

考研不仅需要能力，也需要高度的自律，更需要科学的时间管理和精力管理。同样，自由职业也是如此。

我认识几个自由工作者。在没认识他们之前，我一直认为，自由工作者的时间可以自由支配，想去哪儿就去哪儿。在我的认知里，好像自由职业不用工作就能赚大钱一样。

其实不然，虽然自由工作者可以自由安排时间，却总不如上班族那样有张有弛。他们早上可能十点起床，然后开始工作，但在睡觉之前的每一秒可能都在工作。他们没有周末，甚至没有固定的休息日。可是，他们仍然能管理好自己的时间，使自己越来越优秀。

《德卡先生的信箱》里有一段话说得特别好："为自己的目标努力着，全身心投入一件事情的时候，就不再整天想睡懒觉，不再熬夜看偶像剧，也不用刻意去想怎样好好生活。删掉那些原以为离不开的东西，然后觉得，这才是生活原本的样子啊。"

做着自己想做的工作，见想见的人，去自己想去的地方，逐渐实现自己的梦想清单，这就是我理想的生活状态。

人生之路漫长，每个人都会有自己的梦想，我们在梦想的指引下才不会迷路。为了梦想不断努力，上帝见后都会忍不住帮你。你知道吗？前进道路上唯一的敌人其实就是你自己，不怕这个世界对我们残忍，就怕我们放纵自己。

上天不会辜负任何一个努力的人

沈小司毕业后拖着两个行李箱来到了上海，这两个行李箱就是他全部的家当。

不到一天的时间，他就租好了未来要居住两年的一个小房间，房间只有五平方米。原本三室一厅的房子被二房东改造成了有八个小房间的群租房，每个小房间里只有一张床和一张桌子，八个小房间共用一个卫生间。

显然，这和他梦想中的生活相差甚远。

大学时，宿舍住了六个人，那个时候他还天天嚷着毕业之后一定要有一个属于自己的大房间，要拥有一张大床，大得可以在上面打滚。然而来到上海后，他才发现以前的自己真是天真，也有点身在福中不知福。

如果之前有人对他说："小司，毕业后，你只能住在一个五平方米的小房子里。"

他一定会反驳："你给我滚，打死我都不会住。"

不过，当沈小司放下行李，与二房东签好合同，关上门坐在自己的床上时，他嘴角上扬，似乎还挺满足。毕竟，在上海这个寸土寸金的地方，有一个完全属于自己的独立空间，对他来说，似乎还挺幸运。

有了睡觉的地方，就该考虑找工作了。

他打开电脑，投了几十份简历，可是投出去的简历大多石沉大海。

再找不到工作的话，估计下周连吃泡面的钱都没有了。他反复检查自己的手机，没有停机啊，那怎么一个通知面试的电话都没有呢?

像前几天一样，沈小司烧了一壶水，泡上了泡面。然后，他一边浏览招聘网站，一边把手机放到电脑旁边，生怕错过任何一个关于面试的电话。

当沈小司正要揭开泡面的盖子时，手机铃声响起，他先是愣了一下，接着迅速地接通电话。

五分钟过后，放下手机的沈小司开心地跳了起来，终于有公司邀请他去面试了！此时的他就好像已经被工作单位录用了一样，连难吃的泡面都被他吃出了红烧肉的味道。

好运连连，沈小司又接连接到了几家公司的面试邀请。他在网上查了一下这几家公司的介绍和乘车路线，然后选出了三家最感兴趣的公司。

第二天早上六点，沈小司就出门面试，直到晚上九点才回来。这一天，他从浦东来到浦西，穿梭了大半个上海，面试了三家公司。随后，他收到了两家公司的offer。各种利弊权衡之下，他选择了其中的一家福利待遇不错，离他住的地方也只有一个小时车程的公司。

早上八点钟的地铁上真的特别拥挤，他被挤得衣服都皱了，鞋子也不知被人踩过多少脚。可是一下地铁，他就会立即整理着装，然后精神抖擞地走进办公室，带着十二分热情开始一天的工作。

群租的房子，用卫生间超过二十分钟就会被骂，更别提想好好在里面洗个澡了。有一次，他回到家都十点钟了，想好好洗个澡然后睡觉，可是卫生间里有人在洗澡，那人出来后又有人着急上厕所，于是他只能拿着洗漱用品等着，一直等到十二点才轮到他。后来，他想到了一个“好办法”，每天早上趁大家还在睡梦中的时候，爬起来忍着困意去洗澡。

这样的日子，他一过就是两年。两年后，那个群租房被拆了，沈小司也搬离了那个五平方米的小房间，租了一个三十平方米的带独立卫生间的房子。

虽然没有大富大贵，但他靠着自己的努力，租到了自己喜欢的房子，也得到了自己想要的其他东西。

人生就是这样跌跌撞撞地前行，你人生中的每一步，无论走得有多困难，你都要相信，你一定会熬过去，因为上天不会辜负任何一个努力的人。

现在的你哪怕一无所有，但只要努力，终究会过上幸福的生活。

远离那些妨碍你进步的人

总有些人自己不努力还见不得身边的人努力，动不动就说些冷嘲热讽的话。

读者澜姑娘在后台给我讲了她的苦恼，她现在正在准备公务员省考，每天早上六点去图书馆，晚上十点回到宿舍。她说，要不是图书馆十点闭馆，她还根本不想回宿舍。

原来正读大三的她决定考公务员，当她把这件事告诉舍友时，舍友真是不负她的“期望”，语重心长地对她说：“你还是老老实实找工作吧，听说公务员很难考上的。”“你家里没有背景，考上也没用，肯定进不了你想去的单位”。

有一个舍友直接用鄙夷的表情回应她：“就你那水平，怎么可能考得上！”

平时看起来关系都不错的舍友，转眼间，似乎都变成了不认识的人。当你难过时，可能会有人来给你安慰，但当你努力进步时，他们不一定会为你鼓掌。

澜姑娘说：“我原以为她们会为我加油打气，没想到她们都向我泼冷水。我家里的确没有背景，可是没有背景难道连尝试一下的资格都没有吗？”

我告诉她：“大胆地去做自己想做的事，不要在意这些人的想法。这些打着关心你的旗号，告诉你别瞎折腾的人，并不是真的为你好。”

很多人是这样，自己不上进还要拖住别人前进的脚步。比如，总有些人，在你健身的时候，会说你坚持不了几天，快停下吧；在你看书时，会说你看不下去就别看了。

我之前在知乎上看到一个帖子，发帖的网友作为体育特长生被保送到浙江某知名大学，他的邻居在背后说：“我儿子成绩那么好都没有考进去，他一个练体育的凭什么能上那么好的学校？”难道练体育的学生就不能进名校？这是强盗逻辑吧。

远离三观不正的朋友，因为在你前行的路上，他们比敌人更危险。

朋友西西想考心理学的研究生，但身边很多人给出反对意见：

“等你念完研究生，年龄就大了，你真的打算考吗？”

“你一个女孩子，没必要那么拼。”

…………

西西本就顶着很大的压力，因为上完心理学研究生，还要经历至少五年的专业实践学习，这期间，不仅不能赚钱，还要花费很多。她也担心，到时候身边的同龄朋友可能早已过上了富足的生活，而她只是很穷的心理医生。

当西西把这个想法告诉身边的一个朋友后，那个朋友告诉西西：“你现在只是在参考别人的经验，并习惯性地把别人的经验作为自己做这件事的路径。实际上，每个人都是不一样的。做事情的方法有很多，通往目的地的路线也有很多条，别人需要五年，你不一定也需要五年。即使目的地一样，每个人走出的路线也是不一样的。如果你是因为这些犹豫，那大可不必。想要做的事就去做，不要被这些条条框框限制住。”

朋友的一席话，让她如醍醐灌顶般瞬间看清了自己的内心并坚定了方向。

你看，当身边的朋友能真的为你着想、为你出谋划策时，就如有一盏灯在悄悄为你点亮，虽然你还不知道路的尽头到底会出现什么，但走在这条路上，就不会像之前那么害怕。

人生的路那么长，在这条路上我们会遇到很多人，有些人会为你的进步由衷地感到开心，也会愿意与你分享一切美好的事情，遇到这样的人是我们的荣幸，我们要珍惜。

当然，在我们的成长中也会遇到这样一些人：他们永远不会为你的进步而高兴，不仅如此，他们还总是打着关心你的旗号，千方百计地拖住你前进的脚步。遇到这样的人，我们能早一点远离就早一点远离吧。

想接触到优秀的人，得先把自己变优秀

夏夏最近逢人就说：“如果你们身边有优秀的男孩子，一定要记得介绍给我啊，我都空窗三年了。”

“你想要找什么样的啊？”我随口问了一句。

“同一个省的，必须有房，最好有车，关键是一定要长得帅啊。你知道的，我是‘外貌协会’的。”

“是不是身高还要180厘米以上？”

她连连点头，脸上一副“你懂我”的表情。

你放心，遇到条件这么好的男生，我就自己留着了。

在我的老家，流行这样一句话：决定女孩子命运的路有两条，一条是出身，另一条就是嫁人。

如果你出生就含着金汤匙，那是你前世修来的福气，但大部分人出身都很普通。因此，在某种程度上，嫁人能改变命运的说法似乎是对的。可是细细一想，大部分人都一味地追求嫁个好人家，却忽略了嫁人改变命运的前提条件：要么你美若天仙，要么你非常有才。

要是这两个条件全部具备，你就是人生赢家了。要是都不具备，你就必须靠自己的努力。

长得漂亮是上天的一种恩赐，这是我们羡慕不来的。从小到大，那些长得漂亮的女生就像人生拿了一张VIP卡，到哪儿都会受欢迎。

郭晶晶说过一句话：你想嫁到什么高度，先得把自己送到什么高度。

因此，想通过嫁人改变命运的前提是你足够优秀，这样当你遇到那个优秀的他时，你才会有足够的资本和他站在同一水平线上。

在此之前，你必须脚踏实地，努力让自己变得更好。

讲个励志一点的故事。

同学姐姐今年二十九岁了，二十八岁之前她每次过年回老家，邻居都会以异样的眼光来看她。父母受不住闲言碎语，说了狠话："再不找个男朋友结婚，过年就别回家了。"

父母对她催婚，亲戚邻居也来凑热闹，似乎她不嫁人就是犯了天大的错误。

同学的姐姐大学毕业后，谈了一个男朋友，心甘情愿地为他付出一切。可是两人交往半年后，男朋友劈腿了。她哭得就像第二天世界末日要来了，后来发现让男友劈腿的那个女生长得确实比自己好看。

分手后，她曾经发誓一定要找一个把前男友秒成渣的优秀男生来交往。可是追求她的男生要么是不够优秀，要么是足够优秀却追求她一段时间就放弃了，她始终没有找到把前男友秒成渣的男朋友。

后来，她明白了，唯有自己变得更好，才能吸引到更优秀的人。

改变先从外貌开始，以前她从来不护肤，更别提化妆了。现在，她每天都早起半小时把自己打扮得美美的。

到了公司后，更像个拼命三娘一样，眼里只有工作。一年后，由于工作能力出众，她自然而然地升职加薪，在公司独当一面。

不仅如此，她还把自己的业余生活安排得丰富多彩，周末即使不出门也会化个淡妆，让自己心情变得舒畅。她喜欢研究美食，一有时间就变着法儿宠着自己的胃。在天气晴好的周末午后，她会给自己冲一杯咖啡，然后捧着书沐浴着阳光一读就是一下午。

她在工作之余还会练瑜伽，参加读书会，去各地旅行。这些活动让她开阔了视野，增长了见识，心境也随之发生了很大的变化。

现在的她比以前工作努力，还会享受生活，不，以前的她根本不知道自己应该怎样生活，更不知道努力是什么意思。

上天从来不会辜负任何一个努力的姑娘，后来她邂逅了一个优秀的男人，两人互相吸引，走到了一起。一年后，他们水到渠成地领证结婚了。

曾看到过这样一句话：希望你能遇到一个对你心动的人，而不是权衡取舍、分析利弊后觉得你不错的人。

这句话真是深刻地揭示了有真挚爱情为基础的婚姻的可贵，我相信他们的婚后生活一定会美满幸福。

时间倒回五年前，那时的她邋遢、懒散，甚至可以用糟糕来形容。如果她原地踏步，根本不可能有今天的好工作和新生活。

所以，你的努力决定了你能成为什么样的人，而你能成为什么样的人，又决定了你会遇到什么样的人。

无论何时，只要你愿意下功夫投资自己，一定会有所提高。这一点在工作方面表现得尤为突出，提高自己的专业能力，你就可以得到你喜欢的工作，接触到那些更优秀的人。哪怕每天进步一点，日积月累，你的专业能力也会发生质的改变。

你总羡慕那些拥有马甲线的朋友，却从不肯好好管理自己的身材。别人的马甲线也是一天天锻炼出来的，你在吃自助的时候，别人在吃水煮菜；你在刷微博、看韩剧的时候，别人在跑步和练瑜伽。

你羡慕别人找到了一份好工作，却不去提高自己的专业能力，依然每天浑浑噩噩地混日子，这样下去怎么可能赶上别人的步伐？

你想要就读重点大学，学你喜欢的专业，却不肯认真读书，总是想着玩耍，这样怎么可能进入心仪的学校？

羡慕和抱怨是不能带你完成愿望的，每次下决心做一件事，转身就吊儿郎当地敷衍，我都不好意思看你在朋友圈立的“大旗”了。

想要做什么事情，想要遇见什么样的人，首先你得足够努力，当你把自己的能力提高到一定高度，自然就会做成想做的事情，遇见想见的那类人了。

选择很重要，坚持更重要

相信大家都听过这样一句话：选择比努力重要。

我也赞成这句话。但是，你知道吗？这句话是后话。往往是那些人成功之后，你才会说，他们当初选择这条路是对的。

如果我当初选择出国留学，现在我肯定不用为找工作而发愁。

如果我当初选择买一套房，现在我肯定不用担心房价大幅上涨。

如果我当初选择学跳舞，现在我肯定不会为跳不出优雅的舞步而烦恼。

…………

问题是，作为一个普通得不能再普通的人，我们往往不知如何选择。

我们只是看到了那些因为选择正确而成功的人，却忽视了他们在选择之后的坚持。

很多人的童年都是在《快乐大本营》的陪伴下度过的，即使没看过这个节目的人，想必也听说过这个节目。

几年前，如果你问：《快乐大本营》上最没有存在感的主持人是谁？

我相信大部分人会毫不犹豫地脱口而出：吴昕。

是的，几年前，她还是一个毫无存在感的主持人，甚至被贴上“千年配角”的标签。她被网友冷嘲热讽：“站在台上只会笑，从头到尾都没有几句话，赶紧滚下台。”

这么恶毒的话，她听了一定想哭吧。

在《快乐大本营》十五周年的时候，吴昕说：“来大本营七年，其实是我过得最纠结的七年。以前觉得自己很不错，但到了这儿，我却成了最差的一个。我一度想放弃……”

幸亏何老师一直鼓励她，“你可以再坚持三个月，三个月之后你看看情况会不会好一点儿，或者说你自己会不会开心一点儿，如果说有好转，那我们再想想三个月之后要怎么办。”

正是何老师的鼓舞，吴昕才坚持了三个月，又坚持了三个月……

正是这份坚持，她才在《快乐大本营》的舞台上逐渐大放异彩，即使唱歌走调，她还是勇敢地唱出来，那首《一起摇摆》成了她的成名曲，大本营曾多次播放过这首歌。

为吴昕的坚持点赞，为她多年来的坚持再坚持鼓掌。

身边有个朋友很爱跑步，这两年她跑了好几次马拉松，元旦的时候她还去了厦门跑马拉松，作为迎接新年的方式。

身边很多人都问她：“我也想参加马拉松，你有什么技巧可以分享给我吗？”

她是这样回答的，其实跑马拉松没大家想象的那么难，无非就是坚持跑。但大多数想跑的人还没跑五公里就放弃了，因此一次马拉松都没有参加过。

有一次她参加马拉松比赛，跑到一半的时候腿抽筋了，但她没有退出比赛，而是降了一点速度继续坚持，直至瘸着腿走完了最后的几公里。

她说她也想过上救援车，但她还是想看自己能坚持到多远，能不能突破自己。就是这样的念头，让她坚持到了最后。虽然到终点的时候，已经比规定时间晚了半小时，没能拿到奖牌，但我觉得，她能坚持到最后，本身就很了不起。

她身材娇小，当她告诉大家自己要参加马拉松比赛时，很多人不看好她。如今她用实际行动告诉他们：我不但跑完了，还坚持跑了一次又一次马拉松。

有一句话说得特别好：当很多人都说你不可能的时候，你还真的不可能让他们闭嘴，唯一的解决办法就是用行动来证明他们错了。

弗拉基米尔·霍洛维茨是世界上享有盛名的钢琴家，他一直坚持练习弹钢琴，直到八十多岁。他说："如果我一天不练，自己就会意识到退步。如果两天不练，我的妻子就会意识到我的退步。如果三天不练，全世界就都知道了。"

无论你选择什么，如果你不坚持，就不会得到任何收获。

美好的人生道路从来不是别人帮你铺好的，你才是自己人生的创造者。没有人可以说你不行，只要你坚持住了，一定会走得越来越好。

选择的确很重要，但它并非你失败的唯一理由。你要明白，选择之后，重要的是坚持。

当你坚持不下去的时候，咬紧牙关再挺一挺，或许就会云开日现。

工作做不好，只是因为你没有全力以赴

“要是我能找到一份自己感兴趣的工作，我一定每天全力以赴地工作，绝对不会抱怨。”类似这样的话，少说你也听了百八十遍了吧。

孟小梦从事着广告设计行业，工作两年，却恨死了这个行业。朋友聚会，经常可以听到她从头到尾地发牢骚，似乎她和这个行业已经结下了深仇大恨。

上一次和朋友见面时，孟小梦喝了好几罐啤酒后，用手托着自己的下巴说：“麦子，真羡慕你啊，一毕业就做了自己感兴趣的销售，拿着高工资，光鲜亮丽。你看看我，从事我一点都不喜欢的广告行业，天天加班，都长皱纹了，累死累活却挣不到钱。”

接着她又喝了一罐，长叹一口气说：“真羡慕那些做着自己感兴趣工作的人。”

实际上，麦子也是误打误撞做了销售这个工作，一开始她也不喜欢。可当她努力工作，获得了领导与客户的认可后，她

逐渐找到了自己的价值，觉得自己对销售还是挺感兴趣的。

其实，孟小梦现在羡慕着销售行业，但她真的做了，还是会像现在一样抱怨。

就像前段时间流行的一句话：没有一份工作是让人不想辞职的。同样，没有一份工作是你不会厌恶的。

今天你羡慕的工作，明天你若真的去做了，可能又开始讨厌了。

身在广告设计行业羡慕着身边从事会计行业的朋友。

从事了会计行业又会羡慕从事IT行业的朋友。

从事了IT行业又不免羡慕那些经济独立的自由职业者。

不管你从事哪一行业，总觉得当下的工作不是自己感兴趣的，因此总是给自己找借口：如果我能做自己感兴趣的工作，我一定会做得很好。

真不想打击你，即使你做了你感兴趣的工作，你也不一定会做好。

要是多问一句：那你感兴趣的工作是什么呢？也许大部分人都会摇头表示：要是我知道自己感兴趣的工作是什么就好了。

宋小颜，毕业于一所普通的学校，专业是计算机。

她从来就没有喜欢过这个专业，也厌恶了那些看着就头疼的代码。

毕业季也是社会招聘季，她侥幸通过了一家互联网公司的面试，从事了软件测试的工作，没有很讨厌，但也说不上喜欢。她不知道自己到底喜欢什么样的工作，唯一可以确定的是，她对现在的工作提不上兴趣。

但她工作还是挺认真的，对于自己负责的模块测试，都完成得很好。

在公司工作两年后，她的主管怀孕了，快到预产期的时候，部门经理找她谈话："小颜，你在公司也两年多了吧，对公司业务、项目流程也很熟悉，你看你的主管不是要回去生孩子了吗，你愿意顶上吗？"

有时候，机会来得很意外，但只要你有能力，你就可以抓住这个机会。

小颜就这样升职加薪了，那一刻，她突然觉得自己还挺喜欢现在这份工作的。升职之后，她明白自己需要承担的责任也多了一分，于是更加尽心尽力地努力工作。在她的影响下，整个团队的氛围都高涨了很多。

所以，你不应当抱怨自己没有从事感兴趣的工作。你要做的是认真工作，在现在的工作中找到成就感。

你要相信，当这份工作给了你成就感后，你一定会对它越来越感兴趣。

你唱歌不好，所以很少去KTV，当有一天，有人说你音色真好，唱得很好听的时候，也许你会发现，自己对唱歌还挺感兴趣的。

你一直觉得自己对做菜不感兴趣，当有一天，亲朋好友去你家做客，大家都非常喜欢吃你做的菜的时候，也许你会发现，自己对下厨还挺感兴趣的。

同样，你可能觉得当下的工作不是你感兴趣的，甚至不是你喜欢的。可当你全力以赴，努力把它做到最好，从而获得了成就感的时候，你就会发现，自己对这份工作还挺感兴趣的。

有时候，你需要好好问一下自己：做不好这份工作是因为自己没兴趣，还是没有全力以赴？

你“葛优瘫”的样子，真的让人很着急

今年，演员葛优瘫坐在沙发上的剧照，被配上网络语言，做成“葛优瘫”表情包，迅速走红网络。

如今，越来越多的大学生除了上课时间，基本上是瘫躺在床上，他们不是抱着手机一遍遍地刷朋友圈就是拿着平板刷微博。更有很多人都懒得走出宿舍，点个外卖就解决了一顿饭，直接瘫在宿舍里打一天的游戏。

可是，他们有没有想过这样白白浪费了多少的时间呢？很多人都是毕业后才开始后悔在学校虚度了光阴，后悔把自己最美的大学四年浪费在寝室的床上。

还处在大学的你们呢，也打算这样过完大学四年吗？

大学生们，那么多前辈以过来人的身份告诉你的经验是值得听一听的，不要再“葛优瘫”了，离开床，走出宿舍，是你们走向成功的第一步。

刚踏入社会工作时的我，每天下班回到家的第一件事，就是瘫在床上打开平板看韩剧和各种综艺节目，这样的状态，持续了半年。

直到有一天，我回家后发现断网了。没网的日子，一分钟都很难熬。因为很无聊，就开始找事做，我先是一边听歌一边打扫卫生，之后泡了一杯茶，然后找了一本书看。十一点左右我看完了那本书，意犹未尽地放下书上床睡觉。

我躺在床上思索，原来下班后的时间竟然可以干这么多事，以前的我真的浪费了大把时间。

为什么以前的自己完全没有领悟到时间的宝贵？为什么以前的自己一下班就开始瘫坐在床上？为什么以前的自己那么懒惰？

我一连问了自己三个为什么，接着下定决心下班后要开始看书和写作，直到今天，我依然保持着这个习惯。

以前那个一下班就只会“葛优瘫”的自己已经成为过去，现在的我正在努力提高自己，只为未来我可以很骄傲地说：过去的那些年，我并没有虚度。

关注简书的人，应该都知道简书一哥彭小六吧。他是简书的签约作者，是Linked in专栏作家，还出了一本书。

白天的他是上班族，晚上是知识服务者，过去的半年，彭小六过得无比精彩，又无比充实。他在自己的文中提到过，过去的半年对他来说，是玩命的半年。为什么他会这么说呢？

原来，过去的半年，基本上每周五下午他都会飞往全国各地做活动，给别人上课或者演讲，周一凌晨才回到公寓。

同样是一天二十四小时，同样是上班族，为什么彭小六可以做这么多的事情呢？

他不是铁打的超人，他肯定也会觉得累，可是没有因为累，回到家就躺下追剧或看综艺，他还要忍着疲惫为别人答疑解难。

谁不想“葛优瘫”啊，可是那些努力生活的人哪有时间瘫啊，他们舍不得浪费时间，哪怕是一秒，他们都会让它过得有意义。

很多人都自以为自己挺努力，可是如果一下班就瘫坐在床上，一到周末就离不开床，这样的努力，我还真不敢苟同。

都说工作后的差距是在下班后拉开的，这句话还真的挺对。如果你选择下班后“葛优瘫”，那么几年后，你就只能看着那些努力工作和生活的人的背影。

也许有一天，他们的背影会越来越模糊，直到再也看不到，因为你一直停留在原地，而他们却越走越远。

少年们，你“葛优瘫”的样子，真的很令人着急，赶快站起来奋斗吧。

究竟要不要逃离北上广

每逢春节，一线大城市就成了空城，很多店铺都关了，外卖都很难点到。

在这个新旧一年交替的时候，很多在大城市打拼的人带着行李返乡之后就再也不会回来了。同时，还会有下一批人涌进大城市。

似乎很多人都对北上广有执念，偏执地认为只要能去这些大城市，就离实现梦想不远了。不，不是的，倘若你不努力，一辈子待在北上广也没有用，甚至根本待不下去。

每一年春节回老家，亲戚朋友就会给待在大城市的人们讲：

你们每个月要交那么高的租金，这不等于一直在替房东打工吗？

你们又买不起那边的房子，还不如选一个能买得起房子的地方工作。

你们早晚要回老家的，到时候，在大城市结交的人脉还有什么用？不如现在就回来。

在老家，父母还能帮你找到一份稳定的工作。

……

我相信待在大城市的人们有无数个瞬间都会冒出这样一个想法：究竟要不要逃离北上广？

大城市每个月的房租那么贵，不努力工作可能连下个月的房租都交不起，更别提买房子了。可是你有没有想过，你无法在大城市中解决的问题，小城市更无法解决。

当然，这里说的不是指房子、工作等这些表面问题，而是指价值观、成就感、视野与格局。无法否认，在大城市工作的人们会认识更多的人，拥有更高的见识和更大的格局。

逃离大城市换到一个相对安逸的环境，这些问题不会随之消失，你依然需要考虑。

在如今这个快速发展的社会，大城市承载了很多人的梦想，我们拼了命地挤破头也要去大城市，就是为了离自己的梦想更近一些。

可是，倘若你不努力，你并不会离梦想更近。

很多人都有大城市情结，这无形中神化了大城市的形象。

的确，有些人在大城市实现了梦想，但也有更多人混迹大城市很多年依然处在这个社会的底层。

大城市不会平白无故帮你实现梦想。事实上，只要你努力，无论身在哪个城市，都可以实现梦想，所以真的不必有大城市情结。

初中时，我一个同学的舅舅，从上海政法大学的法律专业顺利毕业后拿到了律师证。可让人大跌眼镜的是，他却回到家乡当了一名律师。

那时，大学老师和同学都劝他留在上海，因为凭借他出色的专业能力，在上海一定会前途光明。可是他没听劝阻，毅然决然地回到了那片生他养他的土地。

这次回家乡过年，听同学说，他的舅舅已经在县城和朋友合伙开了一家律师事务所，年收入上百万。所以，即使没待在大城市，他依然闯出了自己的一片天，找到了自己的价值。

因此，只要你努力，无论哪个城市都会助你一臂之力。

有个朋友刚来上海时，只能租住在几平方米的房子，因为没钱，经常吃泡面。可是当别人问他苦不苦的时候，他笑了笑说，从来就没觉得苦过。

很多在上海的朋友都曾说过："可能我在上海工作一辈子，都买不起这里的房子，我也知道这些高楼永远都不会属于我，可是我在这里找到了我的价值，所以我很爱这里，也没有想过要离开这里。"

这不就是对要不要逃离大城市最好的回答吗？这个地方让你找到了人生价值，找到了人生方向，那又何必在乎能否买得起房子这些表面问题呢?

我喜欢的作家杨熹文在文章中提到：好好努力，哪里都是你的北京。

同样，只要心怀梦想，好好努力，哪里都是你的北上广。

向下生根，向上开花。无论身在何处，只要那个地方能让你不断挖掘自己的潜力，能突破自己，就不要轻易逃离。

总在意别人的看法，你的日子还过不过了

最近热播的电视剧《放弃我，抓紧我》中，陈乔恩饰演的厉薇薇说了这样一段话：等着看你出糗的人，无论你怎么做，做什么，他们都会用异样的眼光看你，所以有的时候不用太在乎别人的眼光，自己过得开心幸福就好。

确实如此，那些等着看你出糗的人总会找到理由说你：找个有钱的男人交往，他们会说你傍大款；找个没钱的，他们说你倒贴；找个年纪大的，他们会说你恋父；找个年纪小的，他们又会说，你老牛吃嫩草；找个丑的吧，他们说你眼光独特；找个帅的，他们又可怜你天真肤浅，只看脸；就算你找到一个完美的，他们心里面还是期待着你老公出轨……所以我说啊，别人的看法，真的不用在意。

网友之所以会疯狂转载厉薇薇这段话，大概是因为它把当下大部分人的心声说出来了。那些人说了这么多，就是想告诉你，你们在一起不合适。

合不合适，这个是外人就能看出来的吗？感情的事，难道

不是人家自己的事吗？可是就是这样无理地干涉别人感情的事情，每天都在重复上演。因此，我们有时候真的没必要太在乎别人的看法。

开不开心，只有自己知道，没必要去迎合其他人，因为你最应该迎合的是你自己。

别人的意见听听就好，千万别往心里去。

想象一下，我们去买鞋子，你明明看中了一双特别合脚的鞋子，就在你有意买下来的时候，与你同行的朋友说了一句，另一双更好看。这时，服务员也点头表示同意。

这种情况下，你极有可能买了朋友推荐的那双鞋。

可是这双鞋子买回去后，你穿的次数屈指可数。因为它并不是你中意的，很长一段时间你会懊恼：我明明想买的是另一双啊。

就算家里堆满了各式各样的鞋子，如果你不喜欢，那些鞋子照样会在鞋柜里放到发霉。穿一双自己喜欢的鞋子，就算别人不喜欢又怎么样？我自己喜欢就好。

从小到大，我们总会面临各种选择：上什么样的大学，学什么样的专业，做什么样的工作，去哪个城市发展，找什么样的对象……

无论是其中哪一个，不管你选择什么，都会有人给出反对意见。

你如果去离家远一点的地方上大学，有人会说，你真狠心，离父母那么远，一点都不知道体谅父母；你如果去离家近一点的地方上大学，他们又会说，都这么大人了，应该出去闯闯，学会一个人生活。

这时候，如果你能跟着自己的心走，你的未来就可以少很多麻烦。

晓曼经常说的一句话就是："日子是自己的，总是在意别人的看法，还过不过了？"

高中的时候，她告诉父母，自己要学美术，以后做个插画师。

父母皆反对，亲戚更是说，学艺术的孩子都是成绩差才去学的，以后没什么前途。

在那个小县城，很多人觉得学艺术似乎就是自毁前程，但是晓曼一直觉得，人生就应该自己主导。最终，她说服父母，学了美术。

高考时，她以优异的成绩考上了一所美术学院。毕业后，她一心想去北京发展。这一次，又遭到了家人的反对。他们觉得女孩子没必要那么拼，而且凭借父母的人脉，一定可以在老家给她找个好工作。

晓曼理解家长的担心，但她还是坚持自己的想法。

她说，正值青春年华，未来不应该被圈在这个小县城，她想试着自己去打拼。

父母叹气说："哎，你长大了，我们做不了主。"

于是，晓曼一人去了北京，一个人租房子找工作。

刚去北京的那一年，她的日子很难熬，脱离了熟悉的生活环境，离开了家人的庇护，每天做着繁重的工作，受了委屈不敢向家人倾诉……

为了多赚些钱，让日子过得舒适一些，她尽可能地满足客户要求，把封面画了删，删了又画，经常忙到深夜。

随着时间的推移，晓曼如今适应了北京的生活，也交到了一些朋友，她很享受自己现在的生活。

人生是自己的，有的时候，坚持一下自己的观点，你就会过上自己想要的生活。自己掌控自己的人生，自己选择自己的人生之路，即使自己选的这条路崎岖难行，也要无怨无悔地走下去。

别人的意见和建议你可以听一听，但不要让别人决定你的人生。想要做什么事，想要过什么样的生活，你就大胆地去追求。总在意别人的看法，你的日子还过不过了！

听说，你想找一份钱多活少离家近的工作

谁不想找一份钱多活少离家近的工作？而实际上，刚步入社会的我们，拥有的工作往往是钱少事多离家远。

朋友雯雯毕业后去了上海的一家广告公司，刚开始，每个月微薄的工资只够支付房租和维持基本的生活开销。那时候，一个月下来，想存几百元都是一件奢侈的事。

身在广告公司，加班已经成为家常便饭，原以为她那么辛苦，起码会有补贴，可是她除了工资，什么都没有。

在她工作的第二年，我曾经问过她："看你每天忙得都没时间坐下来好好吃饭，这样太苦了，付出远大于收获，你不觉得不公平吗？以你的经验，你完全可以跳槽，找一家没有那么忙的公司，寻求更高的待遇啊！"

她说："哪有钱多活少的工作啊，我觉得这份工作虽然赚钱不多，但我学到了很多东西，还让我树立了扎根广告行业的决心，工作带给我的成就感是金钱买不到的。我目前还不考虑跳槽，我还需要再磨炼一下。"

原来，她一直有着明确的职业规划。

三年后，由于工作认真，雯雯得到老板的高度认可，成为公司的骨干，工资更是翻了好几倍。

后来，她辞职创立了自己的广告公司，虽然公司规模不大，但凭着前几年积攒下来的人脉和资源，她的公司运营得不错。

身边大部分人都羡慕雯雯，提到她，就会说她非常幸运。其实哪有什么幸运可言，一分付出一分收获罢了。

广告公司的员工来了又去，好多人受不了工作太多工资太少，不到三个月就离职了。可是，这样拮据的日子，雯雯一过就是三年。

那三年因为手头拮据，她只回过两次家。无数个夜晚她想家想到泪流满面，可是擦干眼泪，她依然要继续奋斗打拼。

刚工作，怎么可能找到各方面都很满意的工作呢？在你想要一份钱多活少的工作之前，不妨多提高自己的专业能力。

老家一个亲戚，家里条件还算不错，父母都有着稳定的工作。他们家虽算不上大富大贵，但从来没有为钱发过愁，因此他一直认为赚钱很容易。

大学毕业后，他的同班同学都在忙着租房子找工作，他却一点都不急，认为自己很快就可以找到一份钱多活少离家近的工作。

然而毕业一个月了，两个月了，半年了，他还在找工作。

他要么嫌弃公司给的工资低，要么嫌弃公司要求加班，要么嫌弃公司离家太远，一直没有找到满意的工作。别人逢年过节都会为父母买礼物，而他，只会让父母给他银行卡里打钱。

安逸的环境下待久了，还真的不知道现实有多残酷。

他所在的城市，刚毕业的大学生一般是3000元左右的工资，他却觉得这点钱都不够自己一个月的生活费，为什么还有那么多人去干。

殊不知，那些月薪上万的人也是从低工资慢慢涨上去的。刚走出校门，没有多少工作经验，怎么可能拿到高薪?

刚踏入社会的大学生，不要总想着找一份钱多活少离家近的工作，而要想着尽快提高自己的工作能力。当工作能力提高了，可供你选择的职位自然会多，你自然会得到你想要的高薪酬。不要奢望着一步到位，薪资待遇是随着你的能力变动的，能力不够，即使找到钱多活少离家近的工作，可能也会遭到公司辞退。

PART 4

全力投入，才能换来意想不到的惊喜

在该认真的时候，选择三心二意，就要做好承受不好结果的准备。事情发生后，焦虑不安、自责不已，没有丝毫意义。既然不想承受这个不好的结果，那么当初为何不全力以赴呢？

有一种迷茫，是源于你的不上进

刘同的《谁的青春不迷茫》这本书特别畅销，之所以这么火，大概是因为大家在书中找到了共鸣。

看过这本书的人都明白，迷茫没什么丢脸的，人人都有迷茫的时候。不同的是，有的人迷茫了就去寻找解决的方法，而有的人迷茫了却不去尝试改变。

你有没有发现，一些上班族经常聚在一起抱怨工作无聊，生活无趣，逐渐迷茫。聊天即将结束时，他们还不忘提醒自己要改变，可是之后从不会为此做出任何努力。

每个公司都有这样的人，还没到下班时间，就数着时间等下班。浑浑噩噩地工作了两三年，觉得每天的工作都一样，无趣至极，进而开始把迷茫挂在嘴边。

无法否认，人人都有迷茫的时候，但是如果你整天迷茫，那只能说，你的迷茫都源于你的不上进。

后台有个读者问我："大一第一学期我还会按时去上课，

之后就翘课泡网吧，挂科也成了家常便饭。那时的我深信，不翘课、不挂科的大学不完整。现在我快要毕业了，才发现自己当初错得有多离谱，如今我真的好迷茫，我不知道该考研还是工作。你能给我点建议吗？”

即将毕业的大学生一般都有类似的迷茫，因为他们不知道自己的路究竟在何方。可是对于这个在大学里丝毫不努力的读者，我还真不知道要给他什么建议。从他的文字来看，他所有的迷茫都源于他的不上进，他自己荒废了大学的美好时光。

你荒废了大学里那么美好的光阴，就不要怪生活负了你。

你有没有发现，那些在大学里过不了四六级的人，不是因为他们的英语有多差，而是因为他们根本没有认认真真地复习。还有半年要考四级的时候，他们总在想，还有半年的时间呢，不着急；还有三个月的时候，他们又在想，时间还是很充裕，不着急；直到还有两周的时候，他们才想起来要背单词、练听力，结果坚持不到两小时，就放弃了。

这样的同学怎么可能通过考试呢？当然，那些天赋异禀，裸考都能考高分的不在此次讨论范围内。

大学可以成就一个人，但同样，稍不留心，也会毁掉一个人。

把课外时间都浪费在追剧、打游戏、看小说上的人最容易迷茫，他们在临近毕业时迷茫的感受最严重。这些人该学的知识没有学好，毕业后不知道应该何去何从，求职碰壁时还会矫情地说，上大学只是混个文凭而已。

真的是这样吗？有的人上大学后认真读书，积极参加课外活动和实习培训，努力提升自己各方面的能力。在大家嚷着迷茫的时候，他们已经考上了研究生或找到了不错的工作。

优秀的人就不会迷茫吗？不，他们也迷茫。他们如今的这些成绩，都是通过拼命地突破自己才取得的。在你看不见的角落里，他们付出了你难以想象的努力。

不要一边抱怨迷茫，又一边躺在床上发呆。迷茫的时候，不妨给自己找点事做。忙着提升自己，给自己增值，哪还有时间迷茫！

没有人生下来就知道人生之路该怎么走，该向哪个方向前进。

如果你现在迷茫，就努力让自己进步一点，再进步一点，脚踏实地的努力会让你逐渐走出迷茫。

你焦虑，是因为你从未全身心投入

该吃饭的时候，你总是想着工作；该工作的时候，你又总想着看书；该看书的时候，你又想着是不是应该打扫一下卫生。

如此三心二意，每件事都做不好，怪不得你总是感到焦虑。

月姑娘是成千上万朝九晚六上班族中的一员，每月按时领着发不了财也饿不死的工资。

这个月，手机又准时提醒她工资已经到账。然而看着银行卡里的余额，月姑娘心都凉了，工作三年来基本没有积蓄，这让她多少有点焦虑。按理说，有着一份稳定的工作，对任何人来说，都是一件好事。可是银行卡里的余额一直稳降不升，这就是坏事了。

月姑娘工作刚满三年，却厌倦了职场生活。她最近总是思考：自己是不是太安于现状了？一起进公司的小伙伴都升职加薪了，自己却仍然处在原来的岗位。

她回想自己过去的工作状态，不禁自责不已。工作时，她的脑子里不是在想中午吃什么，就是在想偷偷玩手机。有时，在半个小时内，她就会看四五次手机，甚至去卫生间都要带着手机！

她在下班后会为自己没有好好工作而自责，还会暗下决心明天好好工作，可是第二天来临时，她依旧重复前一天的生活。

她从未专心于任何一件事，哪怕吃饭的时候，都在想其他事情，没有丝毫享受美食的心情。

如今，月姑娘感到很焦虑，觉得生活没有任何乐趣，和她想象当中的完全不一样。她向我倾诉自己的烦恼，希望我能给她一些建议。

命运从不偏爱任何人，当你全身心投入生活的时候，它必然会给你意想不到的惊喜，然而当你敷衍它的时候，它也会敷衍你。

我向月姑娘讲了我的同事小杨和我的学妹橙子的故事。

小杨是我认识的干劲十足的同事，他是一个程序员，简单来说，工作就是敲代码。这项工作很枯燥，可是他从不抱怨，也从不偷懒，总是认真地工作。

他的办公桌上摆满了各种工具书，闲下来的时候，他就会翻看来提高专业能力。

工作之余，他会完全放松下来享受生活。周末的时候，他很少宅在家里，经常去上海周边的城市爬山、泡温泉、郊游、逛花鸟市场……

不管做什么事，他总是全身心投入进去，这样的人，哪有时间焦虑啊？

我的学妹橙子做事就不像小杨那样全身心投入，于是不出我的预料，她的司法考试没有通过。

橙子的舍友都以优异的成绩通过了司法考试，她们提议一起聚餐庆祝的时候，橙子找借口推辞了。在空无一人的宿舍里，橙子想到还没开始工作自己就落后了舍友一大截，不禁越想越懊悔，越想越焦虑，流下了眼泪。

橙子这一年每天都早早去图书馆排队占位子，晚上十点才从图书馆回宿舍。似乎除了睡觉，她一直待在图书馆，看起来的确很用功。

然而，这一年中，我偶尔发个朋友圈或微博，她总是在第一时间就评论，我回复她的评论，她也必定秒回。

她不是应该在埋头准备考试吗？学习的时候难道不应该全身心投入吗？怎么总是在刷朋友圈和微博呢？尤其像司法考试这种事关她前途的考试，不更应该好好准备吗？

每次她去图书馆，一旦发现手机忘带了，必会跑回宿舍拿到手机才能安心。在图书馆里，她每隔几分钟必看一次手机，生怕错过了电话和短信。她总是刷完朋友圈就刷微博，接着上上豆瓣、看看知乎。书还没看几页，手机倒是玩了一个多小时。

身边的人都在认真看书，只有她忙着玩手机，她没有通过司法考试不是意料之中的事情吗？司法考试失败后，她才开始焦虑不安，悔不当初，这样做有意义吗？

在该认真的时候，选择三心二意，就要做好承受不好结果的准备。事情发生后，焦虑不安、自责不已，没有丝毫意义。

既然不想承受这个不好的结果，那么当初为何不全力以赴呢？

该吃饭的时候安心吃饭，该睡觉的时候安稳睡觉，该工作的时候一心工作，这就是对人生最大的负责。用尽全力做当下该做的事，你就不会有时间焦虑了。

当你全身心投入某件事上时，生活一定会给你意想不到的惊喜。

多学一样本事，就少说一句求人的话

你有没有因为大学没有好好读书，毕业后找不到工作，只能眼睁睁地看着父母到处送礼求人给你找工作的经历？你有没有因为自己没有本事，时不时需要别人帮助的经历？

那个时候，你是不是特别悔恨地想，要是自己能认真学习，多学点技能，就不用求人了。

小菲大学毕业后没找到工作，一直在家待业。为了让她有份正经工作，不再天天睡到中午，小菲的父亲到处送礼求人，最后花了10万元才把她安排到某单位，做了一份文员的工作。

花了那么多钱才进去，工资应该很不错吧？但是让我意外的是，她每个月只有1000多元的工资。她告诉我，由于她是走后门进去的，没有编制，工资就低。

“那为什么还要去啊？”我很疑惑不解。

“因为是铁饭碗啊。”小菲骄傲地对我说。

听她说过两年就会有编制，那样工资就会高了。

小菲的父母为了让她有个“铁饭碗”，不惜花掉10万元。

可是“铁饭碗”可以靠自己的努力得到，为什么一定要父母到处求人呢？我们可以好好准备公务员考试，靠自己的努力考上公务员，这不比让父母到处求人强多了吗？

龙应台在《亲爱的安德烈》中有这样一段话：孩子，我要求你读书用功，不是因为我要你跟别人比成绩，而是，我希望你将来会拥有选择的权利，选择有意义、有时间的工作，而不是被迫谋生。

好好学习，提高自己的专业能力，你就不会在找工作时到处碰壁，你的父母也就不用担心你无法谋生了。

IT行业，技术更新得很快，今天流行的技术，说不定明天就被淘汰了。为了提高技术能力，从业者必须时刻学习。

我的一个好友在上海的一家创业公司工作，他的工资很高，当然工作也不轻松。白天他不停地进行编程和敲代码，晚上还要攻读专业书籍，因为稍有懈怠可能就跟不上大家的脚步了。

他原本不用这么辛苦，他家里有个亲戚在上海开了一家IT公司，那个亲戚当初对好友的父母说，他毕业后可以到自己的公司上班。因此，原本他不用那么辛苦地到处投简历找工作，也不用像今天这么累，他完全可以去亲戚的公司做一个轻松一些的职位，但他清楚地知道只有靠自己才能走得更远。

他说：“我今天若去亲戚的公司工作，他日，我的父母每一次见到他，都会觉得欠他一个人情，这不是我做孩子该有的样子。”

所以，既然自己多努力一点就可以找到工作，又何必动用人情呢？

技多不压身，多学一样本事，就可以少说一句求人的话。好多时候求人不如求己，自立自强才会生活踏实。没有人有义务帮你，大多时候你只能靠自己，如今社会快速发展，你不努力就会被淘汰。只有努力提高自己的能力，才能保证自己和家人过上幸福的生活。努力就是为了即使有一天丢了现在的工作，也不用担心找不到下一份工作。

二十几岁，
一穷二白又不丢人

出生在普通家庭的年轻人，在二十几岁的时候，谁不是一穷二白？可是，那有什么关系，一穷二白不丢人，不努力才丢人。

我的老家有个叔叔，从小家里很穷，只能靠种地为生。他在父母的安排下早早娶妻生子，二十几岁的年纪就有了三个孩子。

孩子没上学之前，种地还能维持一家的基本开销，孩子上学之后，种地的收入不能维持一家人的生活。为了挣钱养家，他在菜市场租了个摊位卖豆腐。没想到，卖豆腐还真的让他们的生活好转起来。

那个时候，菜市场有好几家卖豆腐的。有些小贩为了抢生意，就会在顾客面前抹黑别人家的豆腐，说别人家的豆腐都是用发霉的黄豆做的，只有自己的豆腐真材实料。唯独这个叔叔从不会恶意抹黑别人。

用来做豆腐的黄豆很有学问，有的小贩为了赚钱会将不好的黄豆掺在好的黄豆中间，而叔叔一直坚持用好的黄豆做豆腐，豆腐价格却和其他家一样。

因此，在卖出同样的豆腐时，叔叔赚的钱就比他们少很多。可是，真材实料做出的豆腐必然比粗制滥造的豆腐口感好，于是叔叔家的豆腐自然拥有了大量的回头客。大家口口相传，叔叔家的豆腐生意就这样红火起来。

时间一天天过去，他经营的豆腐摊慢慢变成了豆腐店，店内增加了豆腐皮、豆腐脑等豆制品，还顾了店员来打理。如今，叔叔有房有车，收入可观，再也不用为生计发愁了。

他的故事告诉我们，哪怕你只是菜场的一个普通小贩，只要你勤勤恳恳，就可以过上自己想要的生活。

顾伟，五年前来到上海工作。今年三月，他用这几年攒下来的积蓄，在上海购置了一套八十多平方米的房子，还在上个月和谈了两年的女朋友领证了。

身边很多人羡慕他工作这么短的时间就迎来新生活，却不知他这几年为此付出了怎样的努力。

刚毕业的他一穷二白，顾伟曾这样形容那时的自己：穷得连早上买包子都要犹豫到底是买菜包还是肉包。

工作的第二年，他遇到了自己喜欢的女孩，为了早日娶她，他拼命工作。当时，公司要派一个人到非洲出差一年，虽然出差每天有好几百的补贴，但是公司里大部分人都不想去。顾伟的第一个想法就是：一定要去。别人不愿意舍弃熟悉的圈子，别人不愿意做的工作，他积极争取，于是他去了非洲。

由于不适应非洲的气候和饮食，他到非洲不久就病倒了。可是，为了不耽误工作，他在病床上还总是抱着笔记本办公，并且手机二十四小时保持畅通，生怕错过和工作有关的电话。他在非洲工作勤勤恳恳，回国后得到了升职加薪。就这样，顾伟顺利地买房，并与心爱的姑娘结了婚。大家如今只看到了他工作生活两得意，却忽略了他当年为此付出了多少努力。

有很多人说，成功者大多是依靠资本、背景才走向成功的。这一点并没有错，可你也要明白还有很多人，他们依靠的背景就是自己。

二十几岁，是一个不努力就对不起自己的年纪，哪怕你一无所有也没关系，只要你努力，你想要的东西都会慢慢得到。

二十几岁，一穷二白不丢人，不努力就真的丢人了。

说白了，你就是不肯承认我比你优秀

“你看她真的好漂亮，肤白貌美，天生丽质啊。”

“还不是靠化妆品堆出来的。”

“你看他在那么高档的写字楼上班，真是好优秀啊。”

“还不是靠关系进去的。”

……

想必每个人身边都存在这样的人，当你夸赞某个人优秀的时候，总有人想方设法地让你相信，他们没有很优秀。这些话说得多了，差点连自己都相信了。

可是说白了，你为别人的优秀找“借口”，不就是因为不肯承认别人比你优秀吗？

思思是一个长得漂亮、性格又好、工作能力还很强的女孩子，喜欢她的人多，忌妒她的人更多。

前段时间，思思跳槽到了一家新公司，无论是职位还是薪资，都比上一家单位要高很多。

人长得美，工作能力又强，这两样随便拥有一样就足以让人羡慕。因此，优秀的漂亮女人到了新公司，难免会引来一些闲言碎语。

入职不到一周的时候，思思去茶水间冲咖啡，刚巧碰到了部门经理，两个人互相打了招呼，部门经理让她待会儿去他办公室一趟。

站在茶水间外的可可听到他们的对话后，原本打算接水的她，愣是端着空空的杯子又折了回去。

刚坐到自己的座位上，她就和身边几个爱八卦的同事在微信群里聊了起来。

可可说："你们猜，刚刚我在茶水间外看到了什么？"

"有八卦！！！别卖关子了，快说！"

可可说："我看到经理和新来的思思打招呼，还让她去办公室呢。平常，部门经理很少和我们打招呼，你说他为什么和一个新来的打招呼啊？"

群里顿时炸开了锅：

"一个刚工作两三年的小丫头一来就当了我们的主管，能不靠关系吗？"

"是啊，经理是那么高冷的一个人，看来这个思思不简单啊。"

这年头长得美、工作能力又强还真是招人恨啊。

思思只是因为面试那天表现得特别好，部门经理才记住了她，叫她进办公室也是为了和她探讨一些工作上的事情。

然而，这一切，在有心人的眼里就变了样。

本来就是同事间的普通问候，但是总有那么几个人，脑洞大开，把这一切想象成偶像剧。

所有的造谣，就是为了证明：你没有那么优秀，你漂亮，是因为你化妆了；你被老板器重，是因为你和老板认识。

你不知道的是，人家漂亮，是因为人家底子本来就好；人家被老板器重，是因为人家有足够的能力。

事实上，承认别人比你优秀有那么难吗？

我有个朋友是上海人，不仅长得很高很帅，篮球还打得特别好，他教小朋友打球，都是按小时收费的，两个小时500元。对了，他不仅篮球打得好，而且游泳特别棒，有时他还去教别人游泳。他不只擅长运动，文艺方面也很有才华，他唱歌特别好听，还经常为公司策划节日活动……

这么优秀的人，还真是遭人忌妒啊。

有人说，他不就是因为长得高才会打篮球吗？他唱歌也就那样，全靠吼。我也会策划啊，只是不喜欢凑热闹而已……

可是，并不是所有长得高的人都会打篮球，也不是所有会吼的人唱歌都好听，更何况有的人连当众吼的勇气都没有！

大概每个人的身边都存在这样的人，他们歇斯底里地告诉你，那个人没有那么优秀。这个时候，大家听听就好，不必当真。

我高二的时候，有一次月考，数学考了满分。中午和同桌一起吃饭，在食堂遇到了隔壁班的一个同学，那个同学一见到我就端着盘子坐到了我的旁边。

她说："我听说你这次数学考了满分，你好棒啊。"

我刚想谦虚一下，谁知同桌抢在我开口前说："主要是这次题目简单。"

我尴尬地点头说："对啊，题目简单，侥幸得了满分。"

那次月考的数学题的确比往常简单，满分150，班上有十几个同学考了140多分，但是全年级满分的只有我一个。而我那个同桌，数学成绩是120分左右。

后来每遇见一个同学夸我很聪明，她都要提醒一句："这次题目太简单。"

很多人被别人夸赞的时候，都会谦虚地说一句："运气好。"

无法否认，每个成功的人都有运气好的成分在里面。但是，千万别以为别人成功都是因为运气。想用一句运气好就抹掉别人所有的努力，未免太天真了。

别人一直在努力使自己变得更好，你却一直在为别人的成功找借口，恰恰变相证明了别人比你优秀。

当有一天，你坦然地承认别人比你优秀的时候，你才会越来越优秀。

大学生们，为什么不建议你去乙方公司

先来解释一下什么是“乙方公司”，简单来说，与你签合同的是“甲方公司”，但是你不是在甲方公司工作，而是以长期外派的形式被派到另一个公司工作，这个公司就是“乙方公司”。

签完合同后，基本上你和你签合同的单位是没有任何交集的，他们只负责每个月给你发工资。

大学刚毕业那一年，我就来了上海。大家都知道上海房租高，消费高，交完房租后，我手中的钱所剩无几。为了能赶紧赚钱，我开始在网上疯狂地投简历。当时，A公司打电话邀请我面试，但是面试的地方却是在B公司，我那时还挺纳闷，这不会是骗子吧？！

事实证明，这不是骗子，我的面试过程很顺利。

A公司是外包公司，与A公司签了合同后，我就是外包人员。我是在B公司工作的，B公司是一家知名日企。

接下来就开始了一年的工作，这对于我的人生来说，的确是一场历练。今天我想以过来人的身份给大学生提一点建议：

一定要了解在“乙方公司”工作的缺点，并且你不介意这些，否则最好不要去。

以下是我以及身边在“乙方公司”工作的朋友的一些体验，这里只是说一些普遍现象，那些在“乙方公司”工作后，升职加薪，走向人生巅峰的不在此次讨论范围内。

第一，氛围比较差，难以融入。

昨天早上，我还在睡梦中，就接到了大学同学小妍的电话，她说：“我要跳槽了，你们公司现在还招人吗？”

上次她打电话给我还是半年前，那个时候她刚来上海。当她开始找工作时，我就给了她一句建议：慢慢找，最好不要去“乙方公司”。但她和我刚来上海时一样，太急于找工作了，最后还是去了一家“乙方公司”。

如今她对我抱怨，她在那儿一分钟都待不下去了，因为她始终融入不了“乙方公司”，除了工作上的内容，她和同事们几乎没有交流，这让她感到很孤独。

我很理解她，因为这是常见的一种现象，当时我在“乙方公司”工作时，也有这种感受。

举个简单的例子，乙方的员工都称公司为“我们公司”，但你是外派人员，只能说“你们公司”，这就像你长期借宿在某个亲戚家，看到亲戚家的孩子亲昵地拉着父母说“我的爸爸妈妈”，你永远只能羡慕地说“你的爸爸妈妈……”那种凄凉的感觉只有体验过的人才能明白。

第二，没有归属感。

氛围融入不了，当然也就没有归属感，工作现场也就是客户现场，永远都是别人的公司，在那里，自己永远都是外人。

如果说安全感是自己给自己的，那么归属感一定是别人才能给你的。只有你自己的公司，才能给你归属感。

可是你不在自己的公司工作，又怎么可能有归属感呢？

第三，技术上难以提升。

为什么说技术上难以提升呢？拿我们这行来讲，当开发人员到了“乙方公司”后，一般是从底层的简单代码写起，接触不到“乙方公司”的核心业务。由于你不是他们公司的内部人员，公司自然会出于安全考虑，不让你接触那些技术含量高的工作。

接触不到核心业务，只能写一些简单的代码，真的很难提升技术。可是开发人员就是依靠技术赚钱的，长此以往，年龄越来越大，技术却得不到提高。

第四，不利于规划职业发展。

这个应该不难理解，在别人公司工作，升职加薪永远都是别人的事。基本上，你进公司时是什么职位，几年后你还是什么职位。

平台不大，专业能力又很难提高，后果可想而知……

别忘了，职业发展规划是依赖于你工作的平台和自己的能力的。

第五，不稳定。

不稳定是指当你所在的乙方公司项目完成后，乙方公司就不需要你们了。

接下来，你会被你自己的公司安排到其他公司。你被安排的地方有可能离你现在住的地方很远，还有可能在另一个城市，甚至可能是在另一个国家。

这时候，你可能就要重新考虑住处和交通了，因此换工作的可能性会非常大。

第六，福利待遇低。

刚签合同时的薪资虽然可能稍微高一点，但刚毕业时，你可能没有注意到还有很多隐形的福利是你必须考虑的。

拿工资来说，比如8000元的工资，正常的公司需要给员工缴纳五险一金，基数就是按8000元来算的。

但外包人员，你的公司基本上会按所在城市最低的基数来交，缴纳五险一金的基数可能是3000元，这样的话，你的公积金账户、养老金账户的钱都会很低，一年的话，差距就非常大了。

这里，简单来算一下，上海的公积金是以7%来缴纳的，工资8000元的话个人要交560元，公司也会给你交560元，一个月就是1120元，一年13 440元。

当公司按3000元的基数来缴纳时，你缴纳210，公司交210，一个月420，一年5040元。

一年8000多元的差距，想必你也看到了。

除了五险一金缴纳的基数不同，到“乙方公司”工作的人基本上没有十三薪、年终奖，也不会有加薪。

我身边很多人都是IT这一行的，大部分人在刚工作时都不太懂“乙方公司”这个概念，等到工作一段时间后，基本上都不会再找这样的公司了。

当然，我不是完全否定“乙方公司”。现如今，人员外包是IT发展的一大趋势，大公司项目多，需要外包人员来负责一些项目。不可否认，外包的确促进了社会经济的发展，帮助很多人找到了工作。

写这篇文章，就是希望让那些还不懂这个概念的大学生们，能了解在乙方工作是一种什么样的体验。

毕竟第一份工作很重要，还是要慎重选择。

嘴上说的喜欢
不一定是真的喜欢

他说喜欢做美食，可一年也没有下过几次厨房。

他说喜欢旅行，可这几年都没有出去玩。

他说喜欢跳舞，可这几年都没有跳过……

这真的是喜欢吗？这只是嘴上说的喜欢啊。

前两年认识一个字写得超棒的人，每次看到他苍劲有力的字，我都想要过来收藏。他的字激发了我对书法的热爱，于是我买了毛笔、墨汁、字帖、镇纸等，然后从网上找书法视频跟着练。他还为我指点，可是我一个月都没坚持下来就放弃了。如今，这些东西被我堆在家里一个不起眼的角落，落满了灰尘。

我再也不敢对别人说我喜欢书法了，因为我只是嘴上说的喜欢，并不想为之付出努力。

前几天参加一个分享会，认识了一个才女，这女孩内外兼修，写得一手好字。她不仅每天在家练习书法，在春节前还会亲手写春联馈赠亲友。

我很佩服这些肯花费时间和精力钻研自己爱好的人，我觉得这类人比我这种嘴上说着喜欢，却不肯花费时间去钻研的人要伟大得多。

我这种人似乎是在附庸风雅，总是说一些“高大上”的爱好，却从不肯花费时间和精力去深入地研究它，到头来，这种喜欢只能停留在嘴上。

我觉得真正热爱某项事情，就会花费时间和精力去了解它和钻研它，而不是只把喜欢它停留在嘴边，却不肯为它花费精力。

我有一个朋友很喜欢跳舞，她把工作以外的大部分时间都贡献给了她喜欢的舞蹈。为了跳舞，她花钱置办了舞蹈专用的衣服和鞋子，爵士的、民族的、芭蕾的，应有尽有。为了练习跳舞，她在家里特意装了一面超大的镜子，下班后就随着音乐在镜子前练习舞步。每当有舞蹈比赛，她总会积极地报名参加，因此很多比赛上都有她美丽的身影。

由于舞蹈不分国界，她不仅和中国人跳，也和外国人跳，语言上或许有障碍，但舞蹈从不会受此影响。

看到她这么专注自己的爱好，并因跳舞把生活过得这么丰富多彩，我也跟着她报了舞蹈社团，可是交了社团费之后，我去了两次就放弃了。

很多人都有环游世界的梦想，但真正去做的人寥寥无几。这么多年我只看到两个人真正把旅行的梦想落实到行动中，一个是我的前同事，另一个是现同事。

这两个人都是女生，她们过着一种既可以朝九晚五，也可以浪迹天涯的生活。周末时，她们就在周边城市旅行，三天以上的假期她们就会去远一点的地方，这两天我的现同事还在计划春节后去斯里兰卡。

有一些人，从小到大都说喜欢旅行，可从不会走出家门。

比如，小熙一天到晚把喜欢旅行挂在嘴边，可一到周末和节假日就会宅在家里追剧，还说节假日的旅游景点只能看人，根本看不了风景，还是追剧舒服。

小飞也是这样，从小就念叨着要周游世界，每次聚会他都说："世界这么大，我想去看看。"结果，宿舍那么小，他一直宅在里面睡大觉。

不要看到别人练书法，就盲目效仿；不要看到别人跳舞，就争相追逐。找到自己真正喜欢的，你才会坚持研究并乐在其中。

嘴上的喜欢，并不一定是真的喜欢。每个人可能都有过这样的阶段，以为自己很喜欢某样活动，可是真正花心思去了解后却发现自己并没有那么喜欢。

我们在与生活的摩擦碰撞中，才能逐渐发现自己真正感兴趣的活动。愿你早日脱离只是把"高大上"的爱好挂在嘴边的人群，真正找到自己热爱又乐于研究的事情。

年轻就要敢于尝试

之前在一本书中读过这样一句话：趁年轻，大胆去犯错。

这里的犯错，不是指你明知那样做是错的还固执地去做，而是指，我们为了自己想要的生活大胆尝试，努力奔跑，即使犯错了，也比原地踏步要强。

高一时，我的语文老师是一名毕业不久的年轻姑娘，她气质出众，妆容精致，美极了。

我们都很爱上语文课，对于我们来说，上她的课是一种享受，因为她基本上一天换一套衣服，一周都不会重样。这样养眼的老师，试问有哪个学生不喜欢？

在一次关于梦想的作文课上，她给我们讲了很多名人的梦想，很多学生也争着说出自己的梦想。

当时，班上几个调皮的男生就问：“老师，你的梦想是什么啊？”

她笑了笑说：“我的梦想是在三年后开一个精品服装店。”

同学们哄堂大笑，不以为意，这算哪门子梦想？

那个时候的我，也一直以为老师是开玩笑的，教师的职业多好啊，又体面又能赢得尊重。有颜值又有才华的语文老师，为什么那么想开一个服装店呢？

时光飞逝，转眼我们上了大四。这一年，高一时的班长组织同学聚会，我们那个班大部分同学都到了，语文老师也来了。几年不见，她比当年更优雅，更有韵味了。

我们一直以为她还在学校教书，聚会时才知道，原来在我们高中毕业的那年她就辞职了，现在是一家精品服装店的老板。

姑且不谈她的年收入已经比当老师时增长了好几倍，单单是她为追逐梦想舍弃教师这份稳定工作的勇气就值得我们为她鼓掌。听说，她为了开服装店辞掉老师的工作，一度和家里闹得很僵。她的父母完全不能理解她的行为，不明白她为什么宁愿放弃稳定的教师工作，也要涉足一无所知的服装行业。

最后，她这样对自己的父母说："年轻不是挥霍的资本，但一定是我犯错和成长的资本。我不知道这条路对不对，但我还是想为自己的梦想拼一拼，不想原地踏步一辈子。即使这条路选错了，但只要我全力以赴了，就不会心留遗憾。再说，犯错会助我成长，让我试试有何不可？"

她见自己的父母低头不语，于是接着说："我从来不缺从头再来的勇气，你们让我试一试，如果服装店倒闭了，我再回来当老师。"

她的话说到了这个份儿上，家人只好尊重了她的意见，于是就有了如今这家人气火爆的精品服装店。

人生就是这样，哪条路是对的，我们无从得知。可是选择一条自己想走的路，并不畏坎坷、坚定努力地走下去，也许就会迎来成功。

同事彬姐的老公，大学毕业后刚开始做的是销售，工作两年后跟着自家叔叔做钢材生意，做了一段时间后，他又对IT行业产生了兴趣，于是转行进入了IT行业。如今，他已经在IT行业做了三年工程师，而且准备一直做下去。他的每一份工作似乎都不存在什么交集，跨度之大也令人咂舌。

我曾问过彬姐："他这么能折腾，你不担心他选错路吗？"

彬姐笑着说："进入新的行业，他会担心做不好，我也会担心，可是不能因为担心就不去尝试他喜欢的那个行业啊。我会经常鼓励他，即使选错了路也没关系，我们还年轻，大不了从头再来。我觉得趁年轻就要多多尝试，别怕犯错，因为多犯几次错就可以找到属于自己的路。"

就像彬姐说的那样，彬姐的老公尝试了几份工作之后，终于找到了自己想一辈子从事的工作——工程师。自从彬姐的老公进入IT行业成为工程师后，他就爱上了这个职业，每天他都满怀激情地投入工作之中，下班回家后还会经常打开电脑钻研技术。

在成长的过程中，没人可以告诉你哪条路是对的，但大胆尝试，不惧犯错，选择自己喜欢的路并坚定地走下去，一定是对的。

年轻时，千万别因为害怕犯错而让自己停滞不前，别因为害怕失去现在的生活就放弃了追逐梦想。不去拼一拼，不去尝试折腾一下，以后的你一定会在悔恨中度过。

你知道吗？选择自己喜欢的路进行尝试，即使走错了也比原地踏步强。害怕折腾和犯错只会让你的人生原地踏步，而努力地为自己拼一次定会让你的人生更有意义。

为什么你跳槽后，薪水却没有涨

昨天晚上十点左右，手机一连响了几下，我打开手机，原来是好友发来的微信。

“我最近准备跳槽，面试了四五家公司，可是只通过了一家公司的面试。这家公司给出的薪资待遇和我现在的差不多，我好沮丧啊！大家不都说跳槽之后薪水可以翻一倍吗，就算没有那么多，好歹也不能和我现在的差不多啊。”

可能很多准备换工作的人都曾遇到过这个问题，为什么别人跳槽，薪水动辄就翻一倍，甚至更多，然而自己跳槽后，新公司愿意给的薪水却与原来的相差无几？

这时候，与其抱怨社会对你不公平，还不如冷静思考以下这几个问题：

第一，工作年限与日俱增，工作经验呈线性增长了吗？

好友已经工作两年多了，本应有着职业女性的风范，可如今她的能力却和刚进公司的大学生没什么差别，所以每一次公司加薪的员工中都没有她。

她总想："我都工作两年了，为什么不给我加薪？这对我太不公平了，我要跳槽！"

当她去新公司面试的时候，仅仅半个小时面试官就会发现，她虽然工作两年了，却并没有具备这两年该有的经验和技能，那么面试官就会想："你的水平与一个刚毕业的大学生差不多，你预期的薪水却比大学生多很多，那我为什么不去请一个薪水低一点的大学生呢？"

这就是工作年限和经验不呈现线性增长，导致工资仍然停留在原地的一个原因。

跳槽前不妨问问自己，你工作的这几年，是否积累了这几年该有的经验。

第二，应该利用好当下的平台，提升职场硬技能。

进入一家公司你首先要考虑的不是公司平台的大小，而是这个公司能否提高你的职场能力。就算这个公司的平台低一点，但你完全可以把它当成一个跳板。

不要总是低估你现在的公司，任何一家单位都有它存在的价值。只要你利用好公司的平台，一定能学到很多知识。

专业能力也好，职场其他能力也罢，多学一点总归是好的。当你学到本领，积累了经验，你就能以现在的公司为跳板，找到自己满意的工作。

第三，学会与同事沟通交流，向前辈学习。

很多时候，沟通交流的能力最容易被大家忽视，可这项能力也是很重要的，甚至可以称为职场必备技能。

要学会与公司前辈相处，与他们处好关系。前辈久经职场，一般都熟练地掌握了专业技能，我们可以从他们身上学到很多知识，这些会对你以后的职业生涯很有帮助。

第四，在简历上尽可能展现优势。

简历不要搞得很花哨，也不要写得啰唆。没有亮点的简历，即使写五六页也是废纸。

拿IT行业来说，如果你是一名程序员，你要找的是前端开发的工作，那么简历上最重要的就是你之前的项目经验和你当下掌握的技能。这样，当用人单位看到你的简历时，就会清楚地知道这几年你都做过什么项目、具备哪些技能，明确你是否符合他们的招聘要求。

有些人都工作几年了，可是当他跳槽准备写简历时，才发现自己似乎写不到两句话，还有人把自己几年前在大学获得的奖学金写出来，这样的简历，用人单位看都不想看。

第五，拓展人脉。

人脉的重要性，不用多说，大家都知道。

不知道你有没有发现这样一个现象，那些工作两年以上的人打算换工作时，他们一般不会在各个招聘网站疯狂投简历，也不会傻傻等待猎头公司的电话，而是通过自己行业的熟人，让他们帮忙推荐。

不要觉得这个做法是依赖于其他人，你知道吗？这是一种非常靠谱的找工作方式。

我有一个好友，他当初跳槽的时候，就是依靠大学同学的推荐。他听说自己大学同学的公司不错，于是把简历发给了那个同学，请同学帮忙向公司推荐，然后等待面试。

好友专业能力很强，在同学的推荐下，顺利地进入了一家靠谱的公司，连工资也翻了一倍。

有时候，你的人脉会帮助你找到一份更令人满意的工作。

第六，不要跟风跳槽。

如果你自己没有职业规划，也不具备工作年限该有的经验，就想通过跳槽实现高工资，这样的想法是不切实际的。

只有当你觉得现在的单位已经提升不了你的能力，或者当薪水和你的能力不符时，才是你跳槽的时机。

跟风跳槽最坏的情况是失去了现在的工作，却不知道下一份工作在哪儿。

要记住，自己的工作能力和领的薪水之间一般是成正比的。在抱怨公司给的工资低的时候，不妨想想自己给公司创造了多少价值。

谁都想跳槽后工资大幅度增长，但你在跳槽之前一定要想清楚以上的六点，只有这样，你才有可能跳槽后得到高薪水。

别人想拉你一把，你却连手都懒得伸

上个月，高中好友约我见面喝咖啡。在喝咖啡时，她一直对我诉苦。她先是控诉她的领导不把他们这些属下当人看，每天都给他们安排做不完的工作，害他们常常加班到深夜，然后抱怨公司待遇低，员工之间还钩心斗角，所以她打算辞职。

喝了一口咖啡，我问："那你找好下家单位了吗？"

她诡异地笑了一下，看着我说："今天找你来就是说这个事的。亲爱的，听说你们单位福利待遇不错，我们都是老同学，你能帮我推荐一下吗？"

听到这儿，我才知道她今天约我出来的目的。

大家都知道，现在大部分公司都鼓励员工推荐人才。这样，公司不用找猎头招聘，省去很多招聘环节，而且公司员工推荐的人也值得信赖。

我说："推荐是可以的，我们公司最近扩大业务，的确在招人。可是，由于公司是外企，客户都是老外，就连员工也是一半外国人，一半中国人，因此除了专业能力，对英语的要求也很高，必须能和外国人正常交流。我不清楚你的英语水平现在怎么样，所以……”

我还没说完，好友就打断我说道：“这还不简单吗？我回去就认真准备资料，再多练练英语，加上有内部员工的推荐，肯定没问题。”

我严肃地说：“你可千万别以为我推荐了你，你就一定能被录用。我们公司确实鼓励员工推荐人才，但还是要走面试流程的，面试能否通过，主要还是要靠你自己的能力。”

好友笑着说：“没事，有机会面试就可以了。”

虽然上学时，她成绩还不错，但我和她很久没见面了，我并不清楚她的英语现在处于什么水平，她的工作能力方面我更是一无所知。

很快，面试的日子就到了。

她面试的时间是早上十点，我想下午就会有结果了，于是整个下午我都在等她的电话。没想到HR的电话先打进来，刚接通电话，HR就说：“你推荐的那个女生面试没通过，英语太差，简单的自我介绍都说不完整，更别提用英语介绍工作情况了。”

我心里一惊，她不是向我保证会认真准备面试吗？怎么现在连最基础的英文自我介绍都说不好呢？

刚挂掉HR的电话，好友的电话就打了过来。我看着电话，脑子里想着怎么安慰她，谁知刚接通电话，我就蒙了。

“你是不是不想让我进你们公司啊？你怎么没告诉我面试需要说英文啊？你怎么不提前让我准备英文自我介绍啊？”

这突然的指责让我不知所措，我只好把准备安慰她的话生生地咽进肚子。

原来我帮你争取到面试机会，还要帮你准备如何面试！

“我不是说了我们公司对英文要求很高吗？外企就是英文的环境啊，我当时不是说得很明白吗？”

“就算这样，你起码让我准备自我介绍啊？”

我一时语塞，这些都该你做的事凭什么要我来提醒你？于是，我以正在工作为由挂了电话。

我只是一个小员工，我能做的事只是把你的简历发给HR，剩下的还是要靠你自己，这么简单的道理都不懂吗？

如果她想换个新环境，作为同学，我当然希望能助她一臂之力。可是，当我准备拉她的时候，她却毫不努力，甚至连手都懒得伸一下。这样的人，我真的没有能力帮。

这个世界上没有人能帮你把所有事情都做好，有的时候，别人只能帮你一步，剩下的九十九步还是要由你自己走，因为脚长在你的腿上，没人能替你走。

没想到我的一个同事也遇到了类似的情况，还因此和婆婆发生了冷战。

前几天中午，和同事一起吃饭，同事的情绪有点低落，我问她是否身体不适。

同事叹了一口气说：“这几天因为小叔子找工作的事，婆婆和我冷战了。”

我很惊讶地问：“他找工作，你们为什么冷战啊？”

同事给我讲了一下具体原因，我这才大概了解到原委。

同事的小叔子是今年毕业的，毕业后一直没有找到工作，她的婆婆就让她帮忙介绍一份工作。她想着一家人就要互相帮助，于是答应了。

她有个同学回国创业，开了一家物流公司，她请同学吃了顿饭，然后把小叔子介绍到了同学的公司。

原以为这个事情就这么解决了，没想到还没干两天，小叔子就抱怨在物流公司很累，工资还低，然后就撂挑子不干了。

婆婆又来找她，说：“既然那个公司是你同学开的，能否让你同学给他多开点工资，再安排轻一点的活。”

同事开始和婆婆讲道理：“第一，我已经帮他介绍了工作，他说不干就不干了，我还要向同学解释，又怎么好意思提出其他要求；第二，小叔子不能吃苦，也没有一技之长，谁会给他钱多活少的工作；第三，找工作本来就是他自己的事，我帮他找的工作他不喜欢，他就自己去找喜欢的。”

婆婆想反驳，却觉得儿媳妇说得挺对，但她还是心疼儿子，于是从这之后就和她冷战了。

这世界，每个人都需要对自己的人生负责，别人没有责任和义务必须帮助你。当别人帮你的时候，你首先要做的就是感激，毕竟别人帮你是情分，不帮你是本分。其次，你要明白没有人会一辈子无怨无悔地帮你打理任何事情，你要学会自立，毕竟别人只能帮你一时，不可能帮你一世。不要等别人为你铺好路了，你却连脚都懒得动一下，更不要别人想拉你一把的时候才发现，原来你把所有的希望都放在别人的身上，而自己连手都懒得伸一下。

硬聊是一种什么样的体验

过年回来，同事们就开始吐槽自家亲戚。不知从哪一年开始，春节过后吐槽亲戚和同学就成了同事们的惯例。

小A说：“春节期间和亲戚们一起聊天感到无聊，可是这次回老家我发现与同学们聊天比和亲戚聊天更加乏味。”

小A在春节之前参加了一个高中同学聚会。她去之前想象着许久未见的老同学聚在一起聊天的场景就激动不已，可是聚会的过程却让她感到异常尴尬。

这次聚会，很多人把自己的对象带了过来，小A独身前往自然引起众人关注。一个同学问小A怎么还没找对象，她还没来得及回答，坐她旁边的女同学就抢着说：“虽然你有一份好工作，但眼光也别太高了，过两年成大龄剩女就真的嫁不出去了。”其他人听后也纷纷附和。

小A很讨厌“剩女”这个词，她一直觉得这个词是对女性的歧视，不过她还是微笑着回了一句：“我男朋友一会儿就开车来接我了。”

大家发现没啥可吐槽的索性就闭了嘴，然后就尴尬地吃吃喝喝，不久就散场了。

小A说：“这样的同学聚会还不如不聚，那样起码还能记住曾经的美好。”

好朋友经常见面聊天还是挺好的，可是这种聊不下去却硬要往下聊的聚会，还是不要参加了。大家毕业后选择的路不一样，过的生活也不一样，有的人已经工作了，有的人还在读书，还有的人已经结婚生子。生活圈子差别太大，共同话题太少，硬往下聊只会尴尬异常。

大家坐到一起，拼命找话题来缓解尴尬的局面，这还是你想要的聊天吗？因此，没什么可聊的就别硬聊了，这样至少曾经的那份感情会一直留在回忆里。

人生的每个阶段都会有特别要好的朋友，我们曾希望将来能住同一个小区，可最后却很难生活在同一个城市。

以前每天形影不离的朋友，可能三五年都不见得见一面。某天，收到曾经好友结婚的邀请，你可能还会下意识回道：“新婚快乐，红包已备好，不过太忙了，没时间赶过去了。”

再好的感情，只要生活圈子不一样了，都不太可能维持下去。即便感情还在，当年的感觉却很难找到了。

那些已经成为你生命中过客的人，真的没必要硬聊和硬聚了。人生就是这样，不必难过于老朋友的远去，因为每个阶段都会有新朋友走进你的生命。

PART 5

我就是我，独一无二的我

北上广不相信眼泪，北上广生活不易，我甚至可以说出一万个不想待在大城市的理由，可是在这个快节奏的大城市，每个人都在为了自己的梦想打拼着。在这里，很少有人懒散度日，似乎只要随着众人拼搏，你就会实现自己的梦想。

二十几岁，你要如何富养自己

最近，身边的朋友都在讨论富养的话题。经常听到别人说，女孩子要对自己好一点，要学会富养自己。二十几岁，富养自己的确很重要，但你一定要理解富养的真正含义。

好友伊伊是一个认为舍得花钱就是富养自己的典型。

有一次，她约我逛街，进了商场不久，她就对一个包包爱不释手，背着这个包在镜子前看了一遍又一遍。我看了一下包包上的标签，标价5000元，原以为她只是看看，没想到她竟然说："服务员，这个包我要了，给我包起来。"

我赶紧把她拉到一边说："你疯了？这个包比你一个月的工资还贵呢！买了这个包，你还有钱付房租，有钱吃饭吗？"

谁知伊伊不在乎地说："这你就不懂了吧，我这叫富养自己，舍得为自己花钱。再说了，我们办公室的人背的包都是这个价位呢！不用担心，我刷信用卡。"

我默默地站到一边，看着她掏出信用卡，手轻轻地在POS机上按了几下，就这样刷掉了她一个月的工资。

不知从什么时候开始，我觉得伊伊的价值观已经和我背道而驰了。她觉得遇见喜欢的东西就买，不亏待自己物质上的欲望就是富养自己。

她会只因为口渴就去咖啡馆点一杯80元的果汁。如果这就是所谓的富养，那我一点都不敢苟同。

我见过她在买了那个包之后只能借钱生活，也见过她在自己妈妈生病做手术让她寄钱回去的时候，只能向朋友开口。

贵的包的确可以买，可难道不应该是在你经济承受能力的范围内吗？把花一个月的工资买一个包当成富养，这本身的理解就错了。挥霍金钱并不等于富养。

有人认为有钱人家的孩子才能富养，自己是普通人家的孩子，从小到大都生活在拮据的家庭中，父母哪有钱富养自己。难道富养自己和你的家庭状况是成正比的关系吗？显然不是。

物质上的优越的确可以让富养变得容易，但物质和富养并没有真正的线性关系。

实现真正的富养，你需要做到以下几点：

1．投资自己

投资自己，什么时候开始都不晚。实现内心的富足，才是富养自己的第一步。

我有个好友在买书上向来大方，有些书在国内买不到，她就托人从海外购买，一百多元一本的书，她一买就是十几本。“腹有诗书气自华”，这句话很有道理。书读多了，你才会明白这个世界的格局，才会领略那些优秀人物的风采。

当然，投资自己也包括旅行。旅行是一个开阔眼界、提高见识的过程。有那么多美好的风景等着你去欣赏，不去岂不是辜负了这个世界？

2. 实现经济独立

经济独立也是富养自己的一个过程。如果你曾埋怨自己的原生家庭普通，不能随心所欲买你想要的东西，步入社会时，就走出了父母的保护圈，你完全可以给自己一个新生活，好好工作，实现经济独立。

女孩子也应自立自强，永远不要依赖他人，只有实现经济独立后，才能谈富养自己。

3. 运动

身体是革命的本钱，没有一个好的身体，一切都是空谈。为了身体健康，运动当然是不可缺少的。放下手机，迈开脚步，在运动中你的身体会慢慢变得强壮。

适当的运动是保持年轻的一个秘诀，拥有健康的身体也是富养自己的重要一步。

4. 有自己的梦想

“没有梦想的人和咸鱼有什么区别”，这话一点都不假。梦想是奋斗的动力，当一个人有了梦想，他才会有自信。

读书、旅行在人生任何一个阶段都是没有错的，这两样并不需要很多的物质支持。每多读一本书，你就多学了一点知识；每多去一个地方，你就多看了一处风景。

富养并不等同于挥霍，不要把物质和富养强行联系在一起。在这个喧嚣的社会，只有你内心强大了，才不会随波逐流。

富养，是由内而外的，当你内心富足时，不凡的气度就会显现出来。

独处的时光是最好的增值期

二十几岁的我们不应该害怕孤独，相反，我们要学会享受孤单，因为独处的时光是最好的增值期。

好友小米是一名艺术生，主修音乐教育专业，她的钢琴弹得非常棒，拿到了十级证书。大学时，她就利用业余时间做家教，一个小时能有200元的收入，所以她上大学后就没再向家里要过钱，大家都非常羡慕她。

毕业后的她更是忙着不断充实自己，在别人约会、逛街、睡大觉或者玩手机时，她在忙着学习小语种、学画画、做家教、健身等。在别人嚷嚷着孤独时，她在享受这丰富多彩的独处时光。

刚毕业的那年，她每天下班后和大多数人一样，刷微博、看电视剧，然后进入梦乡。后来，她发现这样日复一日地过下去，似乎一眼就望见了人生的尽头，于是她决定改变。

因为对语言感兴趣，她去报了法语班和日语班，《翻译官》热播的时候，她都可以跟着电视剧里的乔菲一起翻译了。除此之外，她每天下班后会去健身，周末还要抽时间去学插花和画画，当然偶尔也会去做家教。

她说年轻不应害怕孤独，在另一半出现之前我们应努力提升自己，这样才能以最优秀的姿态迎接伴侣的到来。

毕业后最能拉开差距的或许就是与孤独相处的方式。学会独处，享受孤独，利用这段时间学些东西，把孤独期变为增值期或许不失为一个战胜孤独的好办法。

闺蜜小沫是一个特别不会独处的人。大学时，她和我基本上是形影不离，我们住在一个宿舍，吃饭、睡觉、学习都在一起。那个时候，我也习惯了她的陪伴，等到毕业后我才发现，她是多么害怕孤独。

大四实习时，我和小沫不在一个城市，她实习的时候是住在公司分的宿舍，四人一间。实习期满就要开始租房，那段时期的小沫特别害怕找不到室友，回到住处只能自己面对满室的安静。她经常打电话向我哭诉她有多孤独和害怕，不论我在忙什么，都会停下手中的工作开解她，直到她心情转好再继续工作。

可是后来，我发现小沫的电话来得太频繁了，我告诉她："你可以找点事做啊，比如看书，看电视剧，或者去健身房运动，找点事做就不会感觉孤独了。"

然而她说："可是没有人陪我一起啊。"

"你要学着独处啊，没人会陪你走一辈子。感到孤独的时候，我们可以做一些有意义的事情，让自己忙碌起来就会忘记孤独了。"

"我知道了。"小沫沮丧地挂了电话。

我曾经看过这样一句话：能够一个人生活得很好之后，你才知道怎么跟别人生活在一起。

我知道小沫害怕孤独，但孤独是每个人都要经历的心理状态，学会独处是我们应掌握的生活技能。优秀的人懂得享受孤独，在感到孤独的时候做一些有意义的事情来提升自己，把孤独期变为增值期。

与其自怨自艾，花时间抱怨孤独，还不如找到解决孤独的方法。当你的生活变得充实了，当你做的事越来越能提升自己的价值时，又怎么会感到孤独呢？

运动和读书是对抗孤独最有效的两种方式，倘若你真的不知道孤独的时候做什么，那读书和运动一定没有错。

刘若英在《我敢在你怀里孤独》这本书中写了一句话："孤独感对我来说并不意味着痛苦，那只是一种自己跟自己相处的状态。"

你看，无论你做什么工作，无论你想结交多少好友，在这之前，你要学会的其实是和自己相处。

在这个时间就是金钱的社会，每个人都想把一天当成两天用，静静发呆似乎变成了一件奢侈的事情，可是我们有时真的需要给自己留一些独处时间。

过快的生活节奏把我们搞得身心疲惫，这时如果我们停下忙碌的脚步，抽出十几分钟闭上眼睛静静地待一会儿，让自己静下心来再投入工作，你会发现工作效率能提高很多。

晚上睡觉前放下手机，看着天花板什么都不要想，静静地待一会儿，我们会更容易进入梦乡。因此，不要让工作和社交工具占据你所有的时间。我们需要独处，需要给脑子放松的时刻。

人生是一场单程旅途，在这期间你会遇到很多人，但大部分人只会陪你一段路，你终究要学会独处。学会独处，享受独处，可能是成熟的一个标志，也是我们终究要学会的一项技能。

不拜金，但真的要努力赚钱

前几天，一个好友向我倾诉，因为对待金钱的态度不一样，让她和一个同事的关系变得很僵。

好友的原生家庭不富裕，所以她一直努力学习，工作后更是踏实肯干，努力赚钱。可是，她的一个同事看不惯她老是把赚钱挂在嘴边，私下说她是个拜金女。

“我只是想努力赚钱而已，怎么到他那里就变成拜金了？他怎么可以这么想当然地就定义我是个拜金女！”好友越说越生气。

是啊，好友出身普通，父母是老实巴交的农民，他们辛辛苦苦把她供养到大学毕业，她也不辜负父母的期盼，无论是在学业上还是工作上，都很努力。她这样努力就是为了多赚点钱孝顺父母，多给父母买些他们舍不得买的东西。

所以当同事把这一切解读为拜金的时候，她真的很生气。

我很理解她，她是一个非常努力的人，每一分钱都是靠她自己的劳动得来的，用“拜金”两个字来形容她，未免太侮辱人了。

这个世界上，钱不是万能的，但没有钱，谁都活不下去。我们无须拜金，但真的要努力赚钱。

好友的那个同事家境很不错，当然不用为钱而发愁，可大部分人都是普通人，因此努力赚钱对我们来说非常重要。

努力赚钱的意义是什么？是为了我们爱的人生活无忧。

去年，好友的奶奶出了一场车祸，到现在还没有出院。奶奶自从那次车祸后，就不能说话了，甚至入院一个月后才醒过来，全靠医生和家人的悉心照顾，身体才逐渐变好。

爷爷很爱奶奶，自打住院那天起，他基本上天天都陪在医院里。

奶奶住院后不久，爷爷接到一个电话，是房产中介打来的，也不知道这些人是从哪里得来的消息，爷爷刚接起电话，中介就说："你好，我是××房产中介公司的员工，听说你家里人住院了，请问你们要卖房吗？我们现在……"

爷爷霸气地回应道："几十万的医药费，我还出不起吗？我用不着卖房给老伴看病。"

不得不说，当好友转述爷爷的回答时，我忍不住为他喝彩。

你看，如果没有钱，当家人生大病的时候，或许就真的要卖房了，可卖了房就缺少了许多家的温暖。

有时候，我们努力赚钱就是为了让家人在生病住院时能不为高昂的医疗费发愁，就是为了父母能安度晚年。光凭这一点，年轻人就没有理由说你不爱钱。

父母舍得为孩子花钱，孩子也必须舍得为父母花钱。

有一次，我带妈妈去商场买衣服，妈妈看中了一条连衣裙，一看标价要近1000元，她直呼："太贵了！"

我说："没关系，试试又不要钱。"

当她穿着这条裙子出来的时候，整个人都精神了，显得非常有气质，但她却一直挑剔，不是这里有毛病，就是那里不好。可是，我分明看到了她眼中对这件衣服的喜爱。

我说："不贵的，这是我送你的礼物啊。"说着，我就去柜台前刷卡了。

回家时，妈妈穿着裙子向爸爸炫耀，向邻居炫耀，开心了好几天。1000元能让她这么开心，你说值不值？

有时候，我们努力赚钱，就是为了带父母去商城时，你可以自然地指着他们看中的衣服说："把这件衣服给我们包起来。"

努力赚钱的意义是什么？是为了一场势均力敌的爱情。

现在，很多人都说想要一场势均力敌的爱情，但实现的前提是你能靠自己就活得很漂亮。

一个朋友之前谈恋爱时，每当有喜欢的包包、口红，都暗示男朋友买给她。刚开始，男生也很乐意，毕竟给自己的女朋友买东西也是一件很有幸福感的事。每当她收到礼物时，都会忍不住拍照在朋友圈炫耀，把男友送的东西放到最显眼的位置。很多人都会惊讶，她毕业没多久，哪来那么多钱买这些贵重物品？

可是，没过多久，男朋友就向她提出分手。

她死活不同意，追着男生问原因，男生无奈地说："你总是喜欢在物质上攀比，有喜欢的东西总是暗示我买给你，这不要紧，我可以买给你，可是时间长了，我看不到你丝毫的改变。你为什么就不上进，自己挣钱去买喜欢的东西呢？”

朋友哭着说会改的，男生还是头也不回地走了。我们无法指责男生，因为他并没有什么错。

哪个女孩子不爱包包、口红、洋娃娃？很多你一直渴望的东西，其实只要你努力就会得到。

爱情本来是世间最美妙的事，可因为金钱而分手的情侣比比皆是。希望每个人都能努力赚钱，靠自己争取想要的东西，不要因为金钱而影响感情。

有时候，我们努力赚钱，就是为了在爱情中有足够多的底气，想买的东西自己买，而不是依赖于对方。这样，即使对方没有钱，我们也可以说：“面包我自己赚，给我爱情就好了啊。”

爱钱和拜金真的是两回事，当有一个人很爱钱并且靠自己努力赚钱时，千万不要指责他拜金。

那么多人逃离大城市，可我还是想留在这儿

几乎所有毕业生在找工作的时候都会想：我是去大城市呢，还是回家乡呢?

我在这个问题上，从来没犹豫过。我想去大城市，无论在那儿过得好不好，我都想给自己一个机会，一个看看自己有多大能耐的机会。

一线城市最不缺的就是机会，在这里你可以分分钟就找到一份工作。可是，大城市机遇和挑战并存，虽然工作机会很多，但人才也多，物价偏高，生活压力也会大些；小城市工作机会少些，薪资待遇比不上大城市，但消费水平比较低，生活不会很艰难。

来到上海，我才发现有实力的大公司比比皆是。这些公司总会需要大批的人才，每当失去前进的动力时，我就会想想在这些大公司里办公的精英们，他们总会给我一些激励。

前段时间，微博热搜有则新闻，毕业一年的复旦高才生每个月税前工资9000元，却仍然被迫离开了上海。他说每个月一半的工资都花在房租上，再除去吃饭、交通、买衣服的钱，就

所剩无几了。

是的，9000元的工资在上海的确是不高，可是你有没有想过，我们也没必要租着4000多元的房子啊。有人说房子是租的，但生活不是；房子分大小，但生活不分。1500元的出租屋照样可以过诗一般的生活。

一线城市的工资的确是高，毕竟消费也高，刚开始工作的阶段可能会有些艰难，但只要你坚持用心经营，照样可以把生活过得多姿多彩。

来到上海工作后，我发现优秀的人真的很多。这座城市聚集了全国乃至海外的人才，他们各有各的不同，但每个人身上都有一些值得学习的地方。

我参加公司聚会时认识了个叫Rita的女孩，她不仅相貌甜美，会说四国语言，还不断地学习各种技能。她会利用周末去学钢琴、画画，还利用空余时间练瑜伽，生活过得丰富多彩。

我有个同事叫Beck，他不仅每周都坚持读两本书，写读后感，还一有时间就去健身房，每逢上海举办马拉松，他都会报名参加。

这样的人还有很多，大城市从来不缺人才，在这里不努力就会被别人落下，于是我也不断学习，完善自己。

进了外企之后，我努力学习英语，现在也能和美国人、印度人开电话会议，这是我以前想都不敢想的。我发现人的潜力真的很大，有时只要稍微坚持一下，就会取得不可思议的成绩。我奋力向前奔跑，发现自己也可以跑十公里；我每天坚持看书，发现自己也可以做到每周至少看一本书；我每天坚持写两篇文章，竟意外地获得了免费看书写书评的机会……

如果没有来到上海，我都不知道原来自己也可以如此优秀！

小城镇也会有优秀的人，可在大城市的这些人更容易得到发挥特长的舞台，因此大部分人才会向大城市汇集。不是有句话说“近朱者赤，近墨者黑”吗？为了认识更多优秀的人，为了让自己变得越来越优秀，我真不忍心离开这里啊。

小城市安逸，人很容易在安逸中失去梦想。大城市生存压力大，但这里却是离梦想最近的地方。

北上广不相信眼泪，北上广生活不易，我甚至可以说出一万个不想待在大城市的理由，可是在这个快节奏的大城市，每个人都在为了自己的梦想打拼着。在这里，很少有人懒散度日，似乎只要随着众人拼搏，你就会实现自己的梦想，因此我说这里是距离梦想最近的地方。

其实，留在小城市也没有错，淡泊名利、安稳度日也未尝不是一种很好的生活态度。人生只有一次，活在当下享受生活也未尝不可，留在小城市不仅可以为家乡做些贡献，还可以多多陪伴家人。每个人都有各自的想法，去不去大城市还是看自己，你可以说那些在大城市独自拼搏的人是找罪受，你也可以说你很享受小城市的舒适生活，但我就是想留在这里为了我的梦想拼一拼。

你以为的好运气，其实和侥幸并没有关系

半年前，好友阿宏坐在上海的一家星巴克里和对面的人聊天。对面坐了两个人，一位是上海知名互联网公司的老总，另一位是公司里的HR。

对话持续了近一个小时，最后几分钟，老总问："你的期望月薪是多少？"

阿宏说："1.6万。"

"我给你2万，这是合同，你签吧。"老总示意HR，HR从包里拿出合同，阿宏就在星巴克里签了这份再次回到上海工作的劳动合同。

签完后，阿宏转身前往浦东机场，回北京打包行李，然后带着激动的心情，准备投入他期待已久的这份工作中。

阿宏以产品经理的职位进入了这家公司，刚开始，很多老员工私下里都会讨论这名空降的领导。

"听说是老总亲自招进公司的，估计他是老总的亲戚。"

"才毕业一年，就能当上产品经理，运气也太好了吧。"

"我们也是刚毕业的，听说他的工资是我们的几倍，不知

道真的假的。”

阿宏是一名名牌大学计算机专业的优秀学生，可是大学四年旦，他并没有获得过一次奖学金，也没有拿过学校里的其他奖项。因为在学习之余，他把所有的心思都投在了互联网的前端开发上，没有精力去参加那些可以修学分的课外活动。

他对互联网行业的发展有着独特的见解和敏锐的嗅觉。为了找到自己的定位，他毕业后就来到了上海，工作三个月后，辞职前往北京，开始了追梦之旅。

这个时代，是互联网的时代，也是产品快速更新换代的时代。他每天都在互联网圈子里来回探索，当他发现VR这个领域的时候，他知道，他终于找到自己真正感兴趣的东西了。

他永远记得当时的感受，原来虚拟的景象也可以通过一副VR眼镜看得那么真实。

他在北京又待了半年。这半年，他租着只能放下一张床和一张桌子的房间研究着这个领域。因为他一直没有找到一家重视VR领域的公司，所以他只能一边学习，一边寻找机会。

这半年，他遇到不懂的问题就会翻阅大量相关书籍和资料去寻找答案，为此他做了几千页的笔记。他经常泡在知乎上，与行业内专业人士讨论关于VR的问题，并积极地发表自己的见解。这半年，似乎除了吃饭睡觉，他每时每刻都在潜心研究VR。

命运就是这么神奇，他现在的老总就是看到他在知乎上独特的见解，才想要认识他的。

老总在北京约他见过两次面，第二次见面后，老总说：“我这次行程比较赶，你来上海面个试吧，顺便看看我们公司的环境，来回机票公司报销，如果合适，我们就一起工作。”

就这样，才有了文章开头的一幕。

如今，又是半年过去了，阿宏带着自己的团队做得越来越好，公司再也没人质疑他的能力了。

工作年限的确会让人积累经验，但绝不是衡量一个人工作能力的唯一标准。

好多人都羡慕着阿宏的好运气，可是就算相同的机会摆在你面前，你又有能力抓住吗？要知道只有付出了刻苦努力，在机会来临时才能好好把握，阿宏如此，其他人也是。

国庆期间，我和许久不见的好友约了一顿饭，因为她特别忙，所以我们吃饭的时间只有一个小时。我们许久未见自然就会聊起现状，这时我才知道她已经升职加薪成为店长了。

好友之前是一家商场知名品牌的导购，如今她升为店长，自然引起其他同事的眼热。这些同事都羡慕她的好运气，却不想想她为了这份运气，付出了多少辛勤努力。

周末和节假日，是大家最喜欢的时候，却也是商场最忙的时候，店里的其他同事会想尽借口请假休息，只有她一门心思在店里工作。

早上十点，商场开门营业，只有她会提早来到门店打扫卫生；晚上九点，商场打烊，其他同事都会以住得远为借口尽早离去，只有她二话不说留在店里整理库存。遇到难缠的顾客，其他人都不愿接待，只有她耐心地对其进行讲解。因此，她才会受到顾客的信赖，销售业绩一直名列前茅。

不要以为成功是侥幸获得的，其实成功有时只靠一分运气，剩下的都是靠努力。

李笑来在新东方当老师时，经常被人夸赞在台上的随机应变能力很强，而他却说自己的应变能力很差，之所以显得游刃有余，是因为前期做了大量的准备。不管是哪一场演讲，他都会花费很多时间认真考虑每个观点和每个示例会引发什么样的理解和反应，然后逐一制定相应的对策。

他的每一场演讲都取得不错的反响，看似运气好，其实是准备到位。

没有人天生就有好运气，你看到的好运气，都是别人付出大量努力得来的，和侥幸并没有关系。

上天不会辜负一个努力的人。我们要想拥有好运气，就要多多付出努力。这样，某一天你才会成为别人眼中的幸运儿。

即使是一颗螺丝钉，也要做不可替代的那颗

几乎所有的人在找工作时，都会有个疑问：是去大公司呢，还是去小公司呢？

这个问题，还真没有一个标准答案，不过我认为，公司的大小不重要，把自己的本职工作做好才是最重要的。

工作一年了，身边的很多朋友、同事都在陆陆续续地换工作。有些人毕业后就待在大公司，当他们找下一份工作时，我经常听到这样一句话："再也不去大公司了，在大公司只能当一颗螺丝钉。"事实上，那是因为你的工作能力不够突出，才会像可有可无的螺丝钉那样轻易被取代。

无论是刚毕业的大学生，还是参加工作一两年的人，你要想的不应该是去大公司还是小公司这种问题，而是如何提高个人的工作能力。因为工作能力不足、态度不端的人，不论在哪个行业、哪家公司，都不会得到重用。

上周末，我和朋友去一家口碑还不错的餐厅吃饭，端上来的菜品果真没让人失望，可是服务员的服务态度真的让人不敢恭维。

我们刚坐下不久，朋友就不小心把饮料碰倒了，我让服务员赶紧拿餐巾纸过来，结果五分钟过去了，还是没送过来。我们眼看着饮料从桌子上滴落，心情瞬间受到影响，我去柜台前看，发现几个服务员正聊得热火朝天，我问她们我要的餐巾纸呢，她们竟然说忘记了。

遇到这样的服务态度，谁都会生气，菜品再好也会让人失去品尝的欲望。我想再好的餐厅配上这样不专业的服务员，餐厅的营业额都会受到影响吧。她们这样下去估计很快就会被辞退，因为餐厅贴个招聘通知就可以招到替代她们的人，谁愿意要留着这样的人影响自己的生意呢？

但如果是一颗丢了就会让机器运转不起来的螺丝钉，那价值就不可估量了。这样的人，无论是在大公司还是小公司，都会受到重用的。

我所在公司的一个产品经理，七年前刚来我们公司的时候，还只是一名普通的实习生。这几年，他凭借着自己的努力，成了一名经验丰富的产品经理，薪资也是以前的十几倍。公司领导如此重视他，还不是因为对于公司来说，他是一名不可或缺的人才吗？

他刚来公司时，英语口语并不好，可是由于要与美国的客户交流，他就每天苦练英语口语，如今他的英语说得特别流利，与美国人交谈根本不成问题。

他的专业水平就更不用说了，公司新来的员工都是他培训的。在这个几千人的大公司，人人都是一颗螺丝钉，可他却是那颗不可替代的。

我有一个同学的经历和他类似。她学历不高，高中没念完就出去打工了。虽然学历低，但她靠着勤劳努力和用心服务成为一家奢侈品品牌的门店经理。

实体销售店，员工上班时只能站着，即使没顾客也不允许坐下。好多员工都会在领导离开的时候偷懒，坐着聊会儿天，只有她一直站着。

当顾客进店时，她总能第一时间给他们最真诚的笑脸，为顾客详细介绍品牌优势和新产品。不仅如此，她总能依照顾客的喜好，为顾客推荐适合他们的款式。

当晚上关店门的时候，其他员工急着回家，只有她愿意清点库存，整理当天的销售记录。月底时，她的主管不愿意整理门店烦琐的销售记录，她就帮忙整理。

长此以往，她的努力付出怎么可能不被人发现，又怎么可能不升职加薪呢？于是，慢慢地，她就做到了门店经理的职位。

大公司有明确的规章制度，分工明确，可以锻炼人际交往能力。而小公司可以学到很多知识，提高专业能力。所以，不要总犹豫去大公司还是小公司，因为无论身处哪里，提高自己的专业能力，成为公司不可或缺的人才是你要考虑的问题。

其实大部分人都是公司的螺丝钉，如果你是一颗很容易被取代的螺丝钉，公司自然没必要重视你；而如果做一颗不可替代的螺丝钉，公司一定会重用你。所以，即使是一颗螺丝钉，我们也要争取成为那颗不可替代的。

坚持会很辛苦，不坚持却会痛苦

闺蜜安安曾经是一个普通得不能再普通的女生，然而上大学的这几年，她摇身一变，变成了大家心中的女神。

前几天，她在朋友圈中晒了一张露马甲线的照片，是在健身房的镜子前拍的。这张照片惹得大家纷纷发表评论。

“天哪，身材这么好，怎么做到的？”

“马甲线啊，有什么秘诀吗？”

“气质和以前完全不一样了，我也好想有马甲线啊！”

“身材那么好，太受打击了，我决定以后不吃晚饭了。”

评论中除了对安安的羡慕，也有很多人表达了减肥和运动的决心。可是，他们表述的这些决心可能转身就忘。

安安在刚进大学时是一个身高160厘米、体重130斤的女生，这个数据，显然暴露了她偏胖的身材。如今的安安只有90斤，拥有让众多女生羡慕的马甲线，不仅如此，她还考上了一所知名大学的研究生，而这所有的改变都从大二那年开始。

那一年，安安喜欢上了一个比她高一届的学长，学长很优秀，不仅是篮球队队长，还是学生会主席。一句话总结，那时的学长光芒万丈，被众多鲜花和掌声环绕。

安安很平凡，暗恋让她觉得自己像一只丑小鸭，她觉得自己一无是处，只敢远远地偷看学长。

有一天，她在操场偶遇了那个学长，心跳顿时乱了节奏。正想鼓起勇气上前搭话，一个身材高挑的女生跑到了学长面前，学长很自然地牵起那个女生的手。

原来他已经有女朋友了，还是身材如此棒的女生。安安看着自己臃肿的身材，想着自己糟糕的学习成绩，自嘲地笑笑。这样的自己，连自己都不喜欢，又怎么可能赢得学长的喜欢呢?

天空飘起了小雨，安安站在操场，任雨滴落在身上，那一刻她下定决心要让自己变得优秀，来祭奠这场可悲的暗恋。

安安之前很迷茫，她总说大学很无聊，对毕业后的生活也无所期待。可是那天她忽然找到了生活的方向，并给自己树立了两个目标：一个是减肥，一个是考研。

她以前也有过减肥的冲动，可每次总是说说而已，但这次，她下定了决心。为了减肥，她办了一张健身房的卡，按照教练的指导坚持锻炼，当室友聚餐看电影的时候，她正在跑步机上挥汗如雨。为了科学合理地减肥，她还考了营养师执照，再也不像以前那样吃高热量食品了。

下晚自习后，大家回宿舍刷微博、看电视剧，她就去图书馆看书复习，直到图书馆关门。

一日如此，一年也如此，她一直在坚持。

我问她：“你这样坚持会不会很辛苦？”

安安云淡风轻地说了句让我至今难忘的话：“会啊，挺累的。坚持会很辛苦，可是不知从什么时候起，不坚持的话，我会感到痛苦，所以我宁愿选择辛苦。”

“痛苦？你还放不下那个学长吗？你是因为他而坚持的吗？”

她笑了笑说：“早就放下了。减肥、考研就是我剩下的目标，当我在用心做这两件事的时候，我逐渐明白，这条路虽然曲折，但我能看到尽头。以前我做这些事的确是因为他，可现在，我是为我自己，我很享受现阶段的生活。这条路走得确实比想象中辛苦，但倘若现在放弃，我就体会不到运动带来的乐趣以及考上研究生带来的成就感，不坚持的话我会更痛苦。我相信，只要坚持，我就会走到这条路的尽头。”

大学很快过去了，现在的她已经在读研二了。至于那个学长，早就从我们的聊天对话中消失了。

安安通过运动成功减肥40斤，现在的她特别健康，皮肤紧致，身材有型。很多人向她请教减肥秘诀，她笑着说：“哪有什么秘诀，无非就是管住嘴，迈开腿，剩下的就是坚持。”

当年的暗恋或许给了安安很大的打击，但也正因如此才促使她改变自己。这段没有结果的暗恋或许就是上天送给她的礼物，让她经过这个痛苦的蜕变，最终破茧成蝶，变成大家心中的女神。

如今她还在坚持不断地突破自己，让自己变得越来越优秀，我相信安安的未来一定很精彩。

高中同学疯子，人如其名，他真的像疯子一样在奔跑。

有人说，世界上有两种人能够成功，一种是天赋异禀的聪明人，一种是资质平凡却坚持努力的普通人。很不幸，他并不属于天赋异禀的聪明人，而是一个资质平凡的普通人。

高中的时候他读书特别刻苦，那个时候他唯一的目标就是考大学，所以课堂上认真听老师讲课，课后积极复习功课、钻研难题，真的做到了“两耳不闻窗外事，一心只读圣贤书”。

由于压力过大、饮食不平衡、作息混乱，他的内分泌出现了问题，高三那年他后脑勺部位的头发开始大量脱落，最严重的时候一根头发都没有。

医生说，调整饮食结构、好好休息，头发才能慢慢长出来，可是疯子没有听从医生的建议，依然每天疯狂地学习。时间一天天过去，高考成绩出来了，疯子的高考成绩并不理想，勉强过了二本线。因为分数低，可选择的大学寥寥无几，最后他去了哈尔滨的一所大学。

其实疯子理想的大学是在江苏，和哈尔滨相距几千公里。

那一年同学聚会，疯子说：“我上大学后只有两个目标，一个是锻炼身体使内分泌正常，另一个就是通过考研考到江苏。”

为了实现目标，他真的付出了常人难以做到的努力。

哈尔滨有“冰城”之称，最冷的时候气温能达到零下二十几度，可是在这么冷的天气，他依然每天坚持跑步。别的同学赖在温暖的被窝时，他就已经积极地奔向教室占前排的座位；在大家玩手机、逛街、蹦迪的时候，只有他窝在图书馆忙着学习。

在他坚持不懈的锻炼下，头发终于长了出来。同时，他的刻苦努力终于得到回报，考上了梦寐以求的江苏一所学校的研究生。

疯子说：“这条路我走得太辛苦了，可是为了我的目标，我只能一步步走下去。每当我要放弃的时候，就会想想自己必须坚持的理由，于是又重燃斗志。我就像一只打不死的小强，只要一息尚存，就绝不言弃。”

我知道疯子坚持的动力是他的女朋友，因为他的女朋友在江苏上大学，毕业后也打算留在江苏。为了和女友在一起，他只能通过考研考到江苏。

据说世界上有两种动物能够登上金字塔的顶峰，一种是雄鹰，一种是蜗牛。蜗牛登上金字塔的顶峰，靠的不就是坚持吗?

坚持会很辛苦，不坚持却会痛苦。人的一生，难免会遇到挫折，只要我们多坚持，多努力，就能够摆脱困境，迎来美好的生活。

通往梦想的道路崎岖难行，但只要坚持不懈，终有一天梦想能够变成现实。

既然人生已经不能更糟，你还怕什么

昨天下午，我和麦子在苏州火车站的一家咖啡厅见了面。第一眼见到她，我就愣住了，不知道她经历了什么，竟完全失去了这个年龄的女孩子应有的青春活力，脸色暗淡、目光呆滞，仿佛一个饱经沧桑的老者。

麦子是我的闺蜜，我们认识十一年了。近几年，我们都忙于工作，又身处不同的城市，见面很少。这次我回苏州只待了两天就要赶回上海工作，所以我们只能在火车站附近见面。

我们刚在咖啡厅靠窗的位置坐下，服务员就向我们走了过来，我问麦子："麦子，你想喝什么？"

麦子一边低头摆弄自己的手指，一边用低沉略带嘶哑的声音说："都可以。"

我点了两杯卡布奇诺，然后思考怎么开始我们的对话。

麦子高考失利后，读了一所专科院校，学的是会计专业。后来她勤奋努力考上了本科，所以比我们毕业晚一年。

她刚刚拿到毕业证书，就兴奋地给我打电话："小鹿，我拿到毕业证啦！而且还找到了一份不错的工作！这家公司不仅提供住宿，薪资待遇也不错，我要开始新生活啦！”

我至今仍然记得她当时兴奋的语调和激动的心情。那时的她一定对工作后的生活万分期待，也曾对生活做过无数种美好的设想。

可是她刚参加工作半个月，就犯了一个大错误，给公司造成了30万的损失。

诈骗分子盗用了麦子的QQ号并删除了里面领导的QQ，接着用麦子的号码添加了一个和领导头像、昵称一模一样的QQ号，发消息让她转30万元钱。她没多想，就照做了。

显而易见，那笔钱转到了骗子的账户上。

幸亏发现及时，报警后那笔钱被紧急冻结了，但案件的处理还需要一个过程，所以短期内公司也拿不回来。

这件事发生之后，公司的员工对其议论纷纷，麦子终日以泪洗面。每次领导们开会，她都提心吊胆，不知道公司会怎么处分自己。

她担心公司让她赔这笔钱，更担心自己的会计生涯就此葬送。在巨大的心理压力下，麦子向公司递交了辞呈，但是公司的答复是，必须等这件事处理完才能放她离开，公司可以不要求她赔这笔钱，但这件事对公司造成的损失，她该承担的责任不可逃避。

后来，麦子经常神情恍惚，公司担心这样下去会出事，就同意了她的离职申请，但离职前让她签署了一份责任承担说明书，大意就是她必须承担对公司造成的部分损失。

她应承担的赔偿加起来有好几万元，这对刚参加工作的麦子来说不是一个小数目。刚踏上社会，就遇到了这样的打击，这是她如此憔悴的重要原因。

麦子搅动着咖啡，看了我一眼说："我觉得自己走到了人生低谷，别人一辈子要经历的事情我在这段时间都经历了。现在的我工作失败，感情也失败，什么事情都不顺……"

她断断续续地说着，然后开始流泪，我递给她纸巾，想安慰她却不知该如何开口。

麦子前段时间向暗恋了五年的男生表白，那个男生不仅拒绝了她，还把这件事大肆宣扬，搞得人尽皆知。

工作和爱情的双重打击，让麦子郁闷不已，她觉得自己的人生很灰暗。

我不知道怎么安慰她，只能把自己的类似遭遇说出来，或许她听过我的不幸遭遇会振作起来。

我去年来上海的时候，负债几万元。要论惨，我俩似乎差不多。可是，我如今不是好好的吗？

我喝了一口咖啡，对麦子说："当人生糟糕透顶的时候就是我们爆发力量的时候，既然不能更糟，我们还怕什么？身处最黑暗的谷底，我们每向上一步，都距离光明更近一步。"

每个人都会遇到坎坷，没有人会一生顺利。跌跌撞撞地前行，才能体会人生的百般滋味，这样的人生才会充满意义。

我不禁想起了我的一个同事，她今年三十五岁，去年的她面色暗黄、神情凄苦，如今的她却看起来美艳动人。

她的丈夫出轨，让她伤透了心。可是为了让孩子拥有一个完整的家，她决定只要丈夫回头，就原谅他。但她的丈夫居然毫不悔改，她只能结束了这段婚姻。

她搬离了那个让她痛苦的家，在外面租了一间十几平方米的房子。可即便搬离了那里，她的心情也没有变好。她下班后回到住所总是茶饭不思、默默流泪，一下子就瘦了十几斤，人也变得憔悴不堪。

她说："那段日子，是我一生中最糟糕的日子，我觉得生活没有了希望，甚至想到了自杀。后来，我看到一本书，那上面写道，人到了最糟糕的时候就真的什么都不怕了，因为每主动走一步，生活就多一分美好。"

书中的这句话让她豁然开朗，于是她决定改变自己。她去换了新发型、做了皮肤护理，把自己打扮得漂漂亮亮的，开始认真上班，努力完成自己的工作。除此之外，她还科学地安排自己的饮食，定期去健身房。

一年后，她不仅容光焕发、工作出色，还遇到了现在这个对她百般呵护的丈夫。

命运不会亏待任何人，即使它让你跌进谷底，可只要你奋力向上，终究会跳出来。

没人知道下一刻会发生什么，也没人知道意外和美好谁先到来，我们唯一能做的就是过好当下。谁没有低谷期，谁没有几件伤心事？那些你以为熬不过去的时光，终将会过去。

既然生活已经不能更糟了，你还怕什么？记住，你可以整夜哭泣，但黎明来临时，你仍要振作起来拥抱光明。

你知道吗？
学会拒绝是人生的必修课

在学会说Yes之前，请先学会说No。

好友麻酱的公司与我的公司在同一座大厦，平时我们都是一起约着出去吃中饭。

今天快十一点的时候，她告诉我，中午要去银行办个业务，估计没时间和我一起吃饭了。

我说："吃完饭我陪你一起去吧，你要办什么业务啊？"

"我的一个同事，他的一个亲戚在国外购物，自己卡里的额度用完了，他就借我们几个同事的储蓄卡给他亲戚用。"

"就是那个刚进公司没多久的工程师吗？这是要跟你借钱吗？"

"的确是那个新来的同事，储蓄卡在国外的消费是有额度的，他想借用我卡里的额度。"

"涉及金钱还是要小心谨慎一点。他可以向自己的家人借啊，就算家人没有卡，他也会有其他朋友吧。他到公司连一个月都没有，你们就是普通同事，向普通同事借钱，也太不懂人与人之间的基本距离了。”

最近老听麻酱提起他，这个人自来熟，特别喜欢麻烦人，所以我对他没什么好感。

“我的确不想借给他，可是也不好意思拒绝啊。昨天我把这件事告诉男朋友之后，也被他批评了一晚上，说我太不会拒绝别人了。”

“你呀，又这样，有什么不好意思拒绝的，他怎么就好意思为难别人？”我愤愤不平地说。

喜欢为难别人的人真不少，我们必须有拒绝别人的勇气。不要做所谓的老好人，老好人做习惯了，一旦拒绝别人一次，别人就会抱怨你一百次。

大学舍友铃铛是我特别好的闺蜜，她就是人们口中的老好人。

“铃铛，你晚上从图书馆回来，到楼下的时候顺便帮我打一瓶热水。”

晚上打水的时候，我就会看到铃铛左手抱着书，右手还要提两个热水瓶的场景，一个是她自己的，另外一个是“顺便”帮人带的。

“铃铛，你去超市啊？顺便帮我买点水果，我要火龙果、猕猴桃，还有香蕉。”

有一次我去公交站台接她，公交车开过来，我就知道那个拎着两个购物袋被挤来挤去的一定是她，其中一个购物袋是“顺便”买的。

“铃铛，明天早上没有课，我要睡懒觉，你去打卡的时候，顺便给我也打一下。”

我们学校要求早晨七点半打卡，但是每个人只能打自己的卡，帮别人打卡的时候只能重新站到队伍的后面再排一次。那个打完卡后又到队伍后面再排一次队的一定是她。

作为闺蜜，我不是没有提醒过她，有些忙，完全没必要帮。可她总说："我不好意思拒绝。"这样经常提醒她，反而显得我很小气，但不说，我憋得难受啊。

印象最深的一次是铃铛的高中同学第三次向她借钱，气得我真想把她的银行卡藏起来。

大学的时候，那个同学向她借1000元钱，1000元对一个学生来说是一个月的生活费，但铃铛还是借给了他。她说："他没有生活费了，看在高中同学的情分上，还是借给他吧。"

后来铃铛发现，那个男生天天翘课泡网吧，钱都用在打游戏买装备上了。

第二次是毕业的时候，男生说要创业，手头紧，又问铃铛借了2000元。借钱容易还钱难，铃铛侧面暗示男生还钱，但男生装聋作哑，至今没有还过一分钱。

第三次是去年过年的时候，男生说没挣到钱，不好意思回家过年，要向她借5000元。

气得我简直想和她绝交，我吼道："从大学开始，他就向你借钱，而且从来不提还钱的事。他借钱时各种借口，却从来不知道努力工作挣钱，这种人就是个无底洞，这次说什么也不准借！"

在我的强烈阻止下，这次她没有借给那个男生，结果男生竟然骂了一句："什么狗屁同学情谊，老同学的一点忙都不愿意帮，是我看走眼了！"

不好意思，如果你对同学情谊的定义就是源源不断地借给你钱，那这样的情谊，不要也罢。

世界上就是有这种人，天天给他糖，有一天不给，就被骂得狗血淋头。倘若你从来不拒绝他，拒绝一次，你就会发现，以往的帮助，他一次都记不住。

帮助别人是需要分情况的，助人为乐本是中华民族的传统美德，可千万别拿这个美德绑架别人。拒绝是善意地告诉别人，你可以靠自己。

帮助别人是情分，不帮是本分。当你好意思为难别人的时候，别人为什么不可以拒绝呢?

王家卫的电影《东邪西毒》里有一句台词："从小我就懂得保护自己，我知道要想不被人拒绝，最好的办法就是先拒绝别人。"

当初看电影的时候，还不是很懂这句话，直到自己慢慢长大，经历了很多事，才慢慢领悟到，学会拒绝，大概是我们一生都要上的一门课。

用自己的爱好赚钱是一种什么样的体验

前同事是一名典型的技术男，作为一名码农，每天的工作就是敲代码，他的专业能力特别强，是领导的好下属，员工的好同事。

刚成为同事时，我以为他下班后的生活也是被那些代码包围着。直到有一天，因为要讨论工作的事，我们互加了微信，我才发现下班后的他过得多么有乐趣。

他的朋友圈全是他写的毛笔字的照片。

听说他小时候就特别爱书法，对书法的热爱程度可以用“痴迷”来形容，所以几乎写了二十年。现在，他是书法协会的会员，家里有数不清的奖状和证书。

工作后，他还是会每天坚持练习书法。慢慢地，越来越多的朋友希望他帮忙写字，挂在家里或者办公室里。

后来，有人建议他开个网店，专门卖毛笔字，没想到网店刚开起来就有很多顾客下单。听他说，营业额每个月能有一万元，订单多的时候能达到两万。

他说，写毛笔字就是一种爱好，每天晚上回去给客人写字，一方面可以练习书法，一方面还能获得报酬，一举两得。

我有一个朋友特别爱运动，他不仅每天健身，还爱打篮球、羽毛球，爱游泳，似乎全身上下都充满了运动细胞。他最爱的就是打篮球，认识他之前，我从没有想过，原来打篮球也可以赚钱。

每到周末，他就会约上一帮朋友去打篮球。后来，竟然有几个小朋友的家长主动找到他，让他帮忙教孩子打篮球。给的费用是两小时500元，一周两次，而且都是安排在周末。

听到这个消息，我非常为他高兴。因为我知道他特别爱打篮球，如今，这个爱好能带给他收益，对他是一种极大的鼓励。

他对我说："我从小到大都很爱打篮球，但从来没想过有一天会用打篮球来赚钱。我很喜欢篮球，篮球带给我的乐趣与金钱无关。"

是啊，无论这个爱好能不能带来收益，做自己喜欢的事情就足够让人开心。

我给他点赞，不是因为他利用爱好赚到了钱，而是他的眼里一直闪烁着的光芒，令我感动。

开始写作之后，认识的人越来越多，他们中的大部分人，写作的初衷都是为了将自己的情感转化为文字，而不是为了赚钱。

然而，如果写作能带来收益的话，那对于码字的人来说，是一种极大的鼓励。

我的一个朋友，从小到大都喜欢写日记，今年，她开始将自己的文字放到网上。没想到坚持半年后，竟然有媒体找她约稿。她现在每个月可以获得2000元左右的稿费，虽然钱不多，但她真的特别开心。

因为她白天还要工作，所以她所有的文字都是下班后写的。

我问她：“你这样累吗？”

她这样回答我：“怎么会累呢？做着自己最想做的事本身就是一种幸福啊，就算没有钱，我也会继续写，写作本来就不能带有功利心。”

你看，这些醉心于某项事情的人从来没想过用它来赚钱，但他们的爱好的确给他们带来了一些收益，这是多么棒的体验啊！

这个时代，为我们提供了很多赚钱的机会。一般而言，只要你愿意付出努力，就可以在工作之外有一份可观的收入。

当然，以上这些将爱好变现的例子都是不可复制的，你应当去找到属于自己的爱好。即使这个爱好不能给你带来收入，它也会为你的生活带来乐趣，不是吗？

不知道你有没有发现，那些有着爱好的人是多么阳光和自信。这就是一种变相的奖励。

将自己的爱好用于赚钱是一种什么样的体验呢？不要试图从别人那里获得答案，你要试着自己去体验。

让人不舒服的玩笑，还是别开了

“你干吗那么认真，我就开个玩笑而已。”这应该是出场率很高的一句话，也是化解尴尬的一句话，可是这也是我很讨厌的一句话。

刚工作的时候，我穿了一条新裙子去公司，很多同事都围过来夸裙子漂亮，大家都问在哪儿买的，可是忽然有人说“这裙子很像我们家被单”。

瞬间，大家面面相觑，气氛变得异常尴尬。我笑了一下试图缓解尴尬，有个同事皱着眉头看了那人一眼，说道：“你真不会说话。”

没想到，那人说：“我就开个玩笑而已，你们怎么连玩笑都开不起啊。”

谁开不起了？这也算玩笑？

玩笑的程度不仅取决于两个人的关系，还建立在双方都觉得那句话是玩笑的基础上。如果你的玩笑让人觉得不舒服，那它就不是玩笑，我认为上文那个同事的言论就不能称为玩笑。

那些老是说别人开不起玩笑的人，可能从来没想过，自己的玩笑会给别人带来怎样的伤害吧。

好朋友之间怎么互损怎么嫌弃都没关系，但普通朋友之间，说话还是要掌握分寸。

小落体重120斤，对于大部分女生来说，这个体重顶多算是微胖，但对于身高只有155厘米的她来说，就算很胖了。

她的公司新来的一个女同事小A，特别喜欢开玩笑，她总觉得自己几句玩笑就拉近了和大家的距离。可有时她的玩笑，往往惹人生厌。

有一天，大家一起吃午饭，聊到了减肥这个话题。

小落说："我运动了一个月，才减掉了一两斤，减肥太难了。"

小A赶紧凑过来说："对于你这150斤的体重来说，一两斤太少了，根本不值一提。"

说完哈哈大笑，觉得自己活跃了气氛。

小落当时脸就黑了，谁150斤啊，不知道就别瞎说，我明明只有120斤。当然，这些话她没有说出来。

大家愣愣地瞅着小A，桌上的气氛有点尴尬。

小A赶紧说："我不就开个玩笑吗，你们至于吗？"

小落对我说："我和她才认识几天啊，她就这么不把自己当外人！"

同样的话题，关系亲密之人说出来就不会让人不舒服。我们平时也会拿小落的体重开玩笑，有时还会说小落体重200斤，小落却从不会黑脸，反而还会自嘲："我怕自己太瘦小了你们在人群中找不到我，因此故意长了200斤的体重，如此为你们着想，你们应该心存感激。"

好朋友之间的玩笑和互损，可以拉近距离，可若是关系没到那一步，戳到别人痛处的玩笑，还是别开了。开玩笑还是要分清对方和你的交情，否则你说出来的玩笑只会让人不舒服。

平时多看看提高情商的书，学学说话的技巧，这样可以避免让气氛尴尬。

很多人把别人惹恼后都喜欢用一句“我开玩笑的”来收场，可是这句话并不会抹去你对别人的伤害。如果你的玩笑让对方不开心了，你应该道歉，而不应责怪别人开不起玩笑。

试想，当同样的事情发生到你身上时，你还会说这样的话吗？因此，让人不舒服的玩笑，就别开了。

你那么爱反驳，怪不得没人喜欢你

你的身边有这样的人吗？无论你说什么，都要反驳你。

我身边的小C就是这样的一个女生。刚认识她的时候觉得她性格直爽，还挺喜欢她，但后来发现，她真的太爱反驳别人了。

有一天，和她一起逛街，看上了一件衣服，刚准备试穿，她就来了一句："这个衣服不适合你，你穿上肯定不好看。"

我心想：我还没试呢，你怎么知道不好看。可是听到她说的这句话，我连试的欲望都没有了。

上个月，几个朋友一起喝下午茶，聊了一个多小时后，小Q提议晚上一起去看电影，因为这部电影是她喜欢的一个偶像主演的。就在我们都说好的时候，小C说道："哎呀，这部电影有什么好看的，不用看也知道是粉丝电影，主演又没什么演技，还不如去看国外的影片。"

你还没看怎么就知道不好？其他人相互看了一眼，不知道该说什么，小Q沉下来的脸色已经表明她听到这话后不高兴了。

小C每次都试图让别人遵从她的意见。比如你喜欢A明星，她喜欢B明星。她就先以一副很鄙夷的表情说你竟然喜欢A，然后从各方面把A说得一无是处，逼你不得不承认喜欢A明星是一个错误，接着她会告诉你B明星的各方面优点，让你觉得喜欢B明星才是正确的。

大家发现她这个性格后再也不愿理她了，有什么活动也不会邀请她。

《欢乐颂》中有句台词：常与同好争高下，不与傻瓜论短长。这句话很有道理，遇到那些喜欢反驳别人还以此为乐的人，还是远离吧。

我的高中同学W也爱反驳别人。有一次月考我数学考了满分，和W一起去食堂吃饭时，遇到了我之前的同班同学。这个同学一见我就说："小鹿，你数学好棒啊，竟然考了满分。我们班主任还在我们班表扬你呢！"

我刚想说谢谢，W立马说道："这是因为这次的数学试卷简单啊。"

"嗯？简单吗？请问你考了多少分？"我以前的同学立马反问W。

W支支吾吾答不上来，见此情景我只好微笑道："是啊，这次试卷简单，她考得也不错。"事实上，那次数学考试，只有我一个人满分，W成绩并不好。我当时觉得这人怎么这么不会聊天啊，不过还是维护了她的面子。

我从没觉得我数学有多好，可同学赞扬我时W插的这句话不仅伤害了我，也伤害了我这位同学，最后还把自己置于尴尬的境地。因此，我们说话之前要动动脑子，不要图一时嘴快伤人伤己。

与人相处快言快语确实可以给人留下性格爽朗的印象，但快言快语并不等于说话不分场合、不动脑子，说话不经大脑，总是固执己见、反驳别人，只会招人厌烦。即使朋友间相处，总是反驳对方也会招致对方的反感。

在生活中，大家往往不愿意和过多干预别人的喜好、太喜欢反驳别人的人交往，久而久之，这种人会被孤立。

PART 6

饭要一口一口地吃，路要一步一步地走

正所谓“与其临渊羡鱼，不如退而结网”，我们若想内外兼修，成为让别人羡慕的人，就要多多读书和运动，积极地投资自己。

只要你敢迈步，路就会在脚下延伸

我的一位高中同学，从小得了小儿麻痹症。可是，她从未因此自卑，相反，她总是自信满满。

她是一个很开朗的女生，喜欢聊天，和大家相处得很融洽。没有人会对她特殊照顾，她也不需要大家的特殊关照，因为那样会让她觉得自己和大家不一样。

我和她住在同一个宿舍，她和所有人一样，有自己的爱好，也有自己的心愿。她喜欢唱歌，虽然唱功稍差，但她用心唱出来的歌极具感染力。她特别想去北京上大学，毕业后留在那里。为了实现这个梦想，她在高中的三年中没有一刻懈怠过，最终如愿地考入了北京一所不错的院校。

很多人会因为自己的一些生理缺陷就自怨自艾，甚至自暴自弃，由生理缺陷转化为生理和心理双重缺陷。其实，身体有缺陷没什么大不了，自立自强就会赢得别人的尊重。可是，如果自己先放弃自己，那就别怪别人看不起你。

我这个高中同学毕业后，如愿地留在了北京做着一份自己喜欢的工作，而且还拥有了一份真挚的爱情。这样的阳光女孩，我相信她的人生也会精彩异常。

路是一步步走出来的，生活也是。上天不会辜负任何一个努力的人。你的每一次努力，每一次勇敢前行，在将来的某一天都会得到回报。

公司里有一位因车祸截肢的员工，我们原以为他出院后就不会来上班了，但他每天拄着拐杖准时出现在办公室，不仅如此，他脸上没有落寞的神情，反而挂着自信的微笑。

他刚回来的时候，我曾无知地认为，他会因截肢带来的心灵创伤影响工作，但很快我就知道自己想错了。他的代码依旧敲得很好，并且笑声很有感染力，跟他同一个办公室的同事，如果不努力根本跟不上他的工作节奏。

虽然他失去了一条腿，但他的生活和工作似乎并没有受到丝毫影响，无论是领导还是员工，都很尊敬他。

他说："手术醒来后，刚开始我也接受不了，我以为我的人生从此就只有灰色了。可是在医院，我看到那么多人在为活命而努力，就觉得自己的性命还在已经很幸福了，而且我的双手和大脑没有受到损伤，我还可以靠自己养活自己，为什么要放弃呢？"

现在很多人，遇到一些小小的挫折就先失去了自信，对自己的能力产生怀疑。其实不是每个人都能活成自己想要的样子，但至少我们可以朝着那个方向努力。

我认识的这两个残疾人，用他们的实际行动告诉我们，残疾不可怕，坚强、不放弃就会拥有幸福的人生。

感谢上天让我认识他们。每当遇到困难坚持不下去时，我就会想想他们，他们教会我不要轻言放弃，只要你敢迈步，路就会在脚下延伸。

追求财务自由，也要立足现实

前几天下班后，七七约我吃饭，吃完饭她又提议一起逛街。还没等我反应过来，她就把我拉进了一个商场。她先是拉着我逛了一些奢侈品店，我一看商品标价，就劝她快走。七七瞥了我一眼，说："看看吧，就算不买，也能增长见识。"

是的，这天我还真的见识到什么叫一掷千金。

一个打扮精致的职场女性，径直走到柜台前对服务员说："我订的那个包到了吗？"

服务员说："那个色号的今天刚到，我现在给你包起来？"

她说："嗯，我顺便再看看最新系列的其他包。"

和她一同前来的女生说了一句："刚发工资，你就出来败家。"

买包的姑娘说："这不是败家，这是对自己的奖励。"

从她们的对话中，我了解到这个姑娘是一名年轻有为的销售总监，这个月搞定了一个很难缠的客户，为公司签了一个大单，所以得到了一笔数额巨大的提成。

七七和我听完两人的对话后，满心羡慕。

对于我们来说，要买这么一个包起码要攒好几个月的工资才行，可是对于人家，这只是对自己的小奖励。无法否认，人与人之间的物质差距真的挺大。

我正想着这个问题，就被七七拉到了商场外面。我们并排站在二楼的栏杆旁，看着地面的喷泉和来往的顾客发呆。

“我们什么时候才能财务自由啊？”七七说道。

“我也想知道。”

谁知她下一句话就让我措手不及，她说：“对了，有个事我要和你说一下，我把老板炒了，下个月的房租你先替我交一下，等我找到工作后马上还你。”

我一时没法从巨大落差的谈话中缓过来。她不是要财务自由吗？这下真的自由了，自由到连房租都交不起了。

在我的仔细追问下，才知道了事情的原委。

七七从师范大学毕业后就在一家教育机构当老师，这一干就是两年。最近这段时间，机构里的学生越来越少，老板就越来越着急，天天给他们开会让他们多和家长沟通，趁机推荐课程。

七七非常反感这种做法，她认为教育本应是一件很有意义的事，她不愿往里面掺杂太多的功利成分。因此，她一直努力地做着自己的本职工作，不想为了推荐课程而违背自己的初衷。

其他同事忙着推销课程的时候，她上完课就下班回家了。老板为此一再找她谈话，她索性炒了老板……于是，她失业了。

姑且不评价老板的行为，七七的做法确实挺任性的。给别人打工，有几个不受气的，但辞职前起码给自己找好后路啊。

她是一个整天高喊着想要财务自由的人，每天的目标就是赚钱。然而，她的银行卡里已经存了好多个“0”，可怜的是没有一个“1”。

朋友聚一起聊天的时候，总会幻想未来。那天晚上，七七和我聊了很多，从工作谈到理想，又从理想谈到人生，最后谈到了究竟什么时候才能财务自由。

我们都想把生活过成诗和远方，却总被现实残忍拉回。我们都想财务自由，但下个月的房租可能都没有着落。我们都想活得恣意张扬，可发现想在这个城市生存下来不易。谈到最后她责怪自己太冲动了，不应该这么“裸辞”。

现实有时就是这么残酷，谁都想财务自由，谁都想事事顺心，可是再怎么不合心意，还是要为自己安排好退路。

我们都想早早地实现财务自由，但实现财务自由的前提是先把当下做到最好，提高自己各方面的能力，努力使自己变得优秀。

最牛的投资就是投给自己

工作后才发现人与人之间的距离真的拉开了，不思进取、安于现状的人一直拿着固定的工资安稳度日，一直努力工作、不断提高自己业务能力的人则迎来了升职加薪。其实，人与人的智商和能力差距并不是很大，只是后一类人舍得付出努力，舍得投资自己罢了。

前段时间，朋友H进了一家自己心仪已久的公司，不仅薪水比以前高了一倍，而且福利待遇也比以前公司好太多。之前和他一起工作的同事都羡慕不已，调侃是幸运女神眷顾了他。

其实这一切都是他该得的，因为他一直都在投资自己。

刚参加工作的时候，同学们经常聚在一起抱怨应届毕业生都是廉价劳动力，计划另辟赚钱渠道，可最后总会无疾而终。因为赚钱需要先投资，而他们没有资本搞投资，于是就这样进入了死循环。

当时，H就掷地有声地说："最牛的投资就是投给自己。"

其他人都以为他在说笑，但他却是认真的。

H是计算机专业出身，在IT行业迅猛发展的今天，他深知，每天都要抓紧学习才能不被社会淘汰。因此，他每天下班回家后就看提高专业技能的书，在电脑上进行编程。

当别人在刷微博、更新朋友圈的时候，他在写技术博客；当别人周末看电影、唱K的时候，他在琢磨着如何精简代码来提高可读性；当别人在抱怨无聊的时候，他报了前端开发领域知名大神的线下辅导班。

在等待花开的日子里，H一直在勤劳地浇灌着，所以他今天跳槽成功只是水到渠成罢了。

前几天，D告诉我，她想去学跳舞。

“很好啊，去吧，你不是上大学时就想学吗？”

“对啊，早知道那个时候去学就好了，现在身体都僵硬了，已经晚了。”

我认真地对她讲：“一点都不晚，只要你有这个想法，就去做。”

蔡康永曾说：“15岁觉得游泳难，放弃游泳，到18岁遇到一个你喜欢的人约你去游泳，你只好说‘我不会耶’。18岁觉得英文难，放弃英文，28岁出现一个很棒但要会英文的工作，你只好说‘我不会耶’。人生前期越嫌麻烦，越懒得学，后来就越可能错过让你动心的人和事，错过新风景。”

想要做一件事，永远都不要怕晚。

倘若D大学时学了跳舞，那今天她或许就是一个跳舞很出众的女生了。倘若她今天去学，几年后的她就是一个跳舞很出众的女士了，那时她就不会懊恼地说：“早知道那个时候就学了。”

我的一个同事今年三十岁了，她就是我们常说的行动派。

她爱旅游，周末就会到周边的城市游玩，三天以上的假期就会去远一些的地方。这几年，她去了国内外几十个城市，结交了世界各地的朋友。

旅行让她开阔了眼界，增长了见识，于是在工作上她总能提出一些独到的见解，并且比他人更易赢得客户的信赖。

去年，她还爱上了健身和跳舞，每天下班后她要么在健身房，要么在舞蹈室。经过一年多的锻炼，如今她身材很棒，甚至还有了马甲线。去年的公司年会上，她优美的舞姿惊艳了众人，好多男同事都邀她共舞呢！

你看，我的这位同事一直雷厉风行，有想法就去做，从不去想这个年纪去做这件事会不会晚。在她看来，最好的投资就是投资自己，并且投资自己从来不会晚。

或许有些人不知道该怎样去投资自己，我给的建议就是读书和运动。

任何时候，如果你不知道做什么，选择读书和运动总不会错。读书是一种无形的投资，它可以丰富你的精神生活。运动会让你的身体健康，身体协调性增强，还会让你的气色变好。

前段时间，有个六十多岁的老婆婆因为看起来很年轻上了微博热搜，好多人询问她保养的秘笈。这个微博红人说，她没有特殊的保养秘笈，只是喜欢运动和不吃高热量的食品。

正所谓“与其临渊羡鱼，不如退而结网”，我们若想内外兼修，成为让别人羡慕的人，就要多多读书和运动，积极地投资自己。

想过什么样的生活，就要为实现这个目标脚踏实地去努力。

当你开始投资自己，你就已经迈出了成功的第一步。

遇到难题，我们都选择了自己扛

周末逛街的时候，路过一个十字路口，很多人围在那儿。走过去才看到地上躺着一个外卖小哥，有一位阿姨正在扶他起来，还有一个小伙子扶起那辆压在外卖小哥腿上的电瓶车。值得庆幸的是，电瓶车后座的外卖没有撒出来。几个路人在指责一位家长，怪他没有看好自己的孩子。

原来是红灯亮起的时候有个小孩还在朝马路对面跑，外卖小哥骑着电瓶车转弯时为了避让那个小孩，只能紧急刹车。于是，孩子没事，外卖小哥就没那么幸运了，他连人带车摔在了地上，小腿外侧和手臂都摔破了，流了很多血。

几个上海大妈劝他赶紧去附近的医院包扎一下，可是外卖小哥一边卷起自己流血处的裤腿，一边说："没事，等我把手里的外卖送完再去。"

一个大妈说："你这伤口太大了，不及时处理会发炎的。"

外卖小哥却执拗地说："我必须把这些外卖准时送到顾客手中，送完这些我再去医院，谢谢你们。"

随后他骑上电动车出发了，看着他慢慢远去的背影，我很心疼他。送外卖对他来说是一份工作，及时送到顾客的手中是一种职责。因此，即使拖着受了伤的腿，他也要完成自己的工作。

生活不易，想要拥有更好的生活就必须付出更多的辛劳。成人的生活中很少有“容易”二字，独自在外打拼的人更是生活不易。面对困难和挫折，大多时候我们都会选择独自承受，因为我们不想家人担心，也不想麻烦别人。

迈入职场不久，有一天早晨醒来，我就感觉头脑昏沉、全身无力。由于入职不久，我不愿请假，于是拖着疲惫的身体去了公司。午饭勉强吃了两口就趴在桌子上休息。后来，病情加重，我连抬头的力气都没了，不得已只能请假去医院。

由于刚进职场工资不高，我不愿打车，只好慢慢地走到公交站牌。好不容易等到车，车上却没有空座，这时我全身的力气已经消失了，踉跄地走到公交车的后面，顾不得别人异样的眼光，我就坐了下去。

这样坐了一路，我才勉强恢复了一些力气。到医院挂号后，医生为我量了体温——39度。打上吊瓶还不到五分钟，我的脸色就苍白如纸，护士赶紧又把医生叫了回来。诊治后得出的结论是低血糖引起的脸色发白。接着，医生问谁陪我来的。我只好低声回答自己来的。

医生叹了口气说：“让你家人或朋友给你送点吃的吧。”

我看着窗外，说：“我的家人不在这个城市，朋友们离这个医院都挺远的。”

说完后，我忽然感觉自己特别惨，生病时身边既没有家人又没有朋友，只能自己挣扎着来医院。我越想越委屈，眼泪不禁在眼眶里打转，还好护士给我拿来了一些面包和牛奶。

在老家念书时，生病了有爸妈带着去医院，可如今生病了，我只能一个人去。

父母也会担心我出门在外照顾不好自己，为了打消他们这种顾虑，我和他们通话时总是报喜不报忧，只是挂了电话，眼泪就会忍不住落下。小时候摔倒时，身上有一点擦伤，就会委屈地向父母撒娇，吵着要拥抱、要零食。长大后遭遇再大的困难，都会一边自己扛，一边安慰父母："我很好，不要担心。"

我们总是希望父母身体能健康硬朗点，衰老的速度能够慢点再慢点，希望自己能够尽快地成长起来，早日成为他们的依靠，能为他们遮风挡雨。在没能成为他们的依靠之前，不让他们为我们担心，遇到困难自己扛，也是孝顺的一种方式。

有时候想想，这或许就是成长的第一步。

不是我变了，我只是没按照你想的那样去活

小北和男友蒙毅分手了。

蒙毅到处对别人说小北不再是以前那个小北了，现在的她成了一个贪慕虚荣的女人。

听到这样的话，我非常生气。因为我知道，小北并不是那样的人。如果说她变了，也只能说她变得更好了。

前几天，我和小北躺在她家中，聊到这件事，小北看着天花板说："不是我变了，我只是没按照他想的那样去活罢了。刚毕业时的他没钱没房没车。没关系啊，我不嫌弃他。我觉得这些东西我们两人一起努力总会有的。可是这两年，只有我一个人在努力，他总是频繁地换工作，每个工作干不了几个月就辞职。他总是想找钱多活少离家近的工作，你说哪里有这样的工作啊！"

说到这里，她起身去冰箱拿出一罐啤酒，拉开易拉罐仰头灌了下去，然后继续道："和他在一起的那段日子，每天下班，我在看书，他在打游戏。工作需要，我报了口语班，周末

我去上课，他在打游戏。我让他为了我们的将来好好奋斗，他说现在这样就挺好的，赚那么多钱干吗！还告诉我人生就是要随性而为。毕业后我就和他一起住在不到二十平的出租屋里，他告诉我这样就挺好，还说房子小才有温馨的感觉。

“小鹿，不是我变了，我只是没按照他想的那样去活。他习惯过不上进的生活，而我想为了后半生的幸福努力奋斗。可笑的是，他居然说我贪慕虚荣，嫌弃他没钱。”

我静静地陪着小北喝了一罐又一罐啤酒，敬自己想要的生活一杯酒，什么变没变，我们只是在为自己想要的生活努力奋斗。

每个人都有选择自己生活方式的权利，不要辜负上天给我们的自由，不必为了迎合他人，而放弃自己想要的生活。

依依是我的一位学姐，父母希望她能成为公务员，过上体制内的生活，于是她就遵从父母的意愿考了公务员。

她在国税局工作了两年，忽然有一天，她在好友群里说她终于鼓足勇气向领导递交了辞呈。我们给她发了很棒的表情。她说只有我们这几个好朋友支持她，其他人得知这个消息时，都说她疯了。所有人都劝她别冲动，这么稳定的工作，辞了就真的没有了。

依依说：“体制内的工作稳定，是很多人想要的，但不是我想要的。当初我为了父母考了这个职位，过着他们认为安逸的生活。可是，我一点都不爱这份工作，每天我都开心不起来，这完全不是我想要的生活。”

依依的梦想是开一家带花的书店，过着在鲜花中读书的惬意生活。她的父母完全不理解自己的女儿，当依依鼓起勇气向父母说要辞职的时候，妈妈说她变了，不再是他们的乖女儿，以前的女儿不会这么任性。

依依对我说：“看着那些为了自己想要的生活而打拼的人，我是真的好羡慕。其实，我只是想为自己而活，不是我变了，我只是没按照他们想的那样去活而已。”

现在的依依每天都过得特别开心，过着自己想要的生活。那个带花的书店因为和传统书店风格不同，受到很多学生和年轻人的追捧，买花的人觉得她店里的花更新鲜，买书的人觉得她店里的书更有香气，于是纷纷来到她的店里。如今她经营的这家店，每个月的盈利是以前做公务员的好几倍。

依依用自己的经历告诉我们，千万别为了迎合别人，去过别人为你安排的生活，不然你的后半生就会痛苦不堪。

每个人都会有自己想过的人生。我们要努力追求自己想要的生活，没有必要过分在意别人的目光。对于那些说我们变了的人，我们可以告诉他们：我们并没有变，只是在按照自己想要的方式活着。

既可以朝九晚五，也可以浪迹天涯

每当有人在朋友圈晒出旅行的照片时，总会有一些人看着照片感叹“我也要去旅行”。可是，一天，两天，很多天过去了，他们也没有付诸行动。

我们好像总会给自己开空头支票，总会把“旅行”放在爱好栏里静静地躺着，好像这样显得“高大上”。然而，我们不知道什么时候才会出去旅行，“没时间”“没钱”成了完美的借口。

可事实真的是这样吗？

在网上看到大冰的一句话：“既可以朝九晚五，也可以浪迹天涯。”这句话用来说工作和旅行的关系最为恰当。

我有一个同事，每到节假日都会出去走走，时间短，就在国内玩玩，时间长，就去国外转转。这几年，她基本把国内转了一遍，足迹还远达欧洲、非洲，以及亚洲的其他国家。她从没有停止旅行的脚步，这才是对爱好最好的诠释啊！可能很多人的爱好都是旅行，但是大部分人只是说说而已，真正行动起来的人却寥寥无几。

可能大家会说这个女孩要么工资高，要么家里有钱，不然哪来这么多钱到处玩呢？其实不然，她只是一个普通的上班族，家境也很普通。她只是把赚到的钱投资到爱好上而已。她爱好旅行，愿意为此花费时间和金钱，哪怕年近三十，没有积蓄，也没有恋人，她依然潇洒地过着自己想要的生活，不在乎别人看待自己的目光。

她在朋友圈发过这样一句话：把时间花费在我爱的旅行上是我对自己最大的奖赏。配图是她在香格里拉拍的风景照。

这则状态一发布立马引得众人纷纷点赞和评论。

“等我有钱了，我也像你一样出去玩！”

“好羡慕你啊，可是我都没有时间出去玩。”

“单身就是好，等你像我一样有了孩子就没办法这么潇洒了。”

……

无法否认，有些事我们不能放手去做，都是有着各自的理由，可是无论什么事，只要你想做，总会有办法完成。万事开头难，一旦你尝到了其中的乐趣，就不愿停下脚步。梦想不只是说说而已，只有勇敢地踏出第一步，才会有成功的可能。

将旅行过成生活的一部分应该是当下很多人的梦想吧，说走就走听起来是那么的洒脱和任性。可是，不是每个人都能拿出说走就走的勇气，一方面可能是囊中羞涩，另一方面可能是受到家庭和工作的牵绊。

生活中我们也会看到有一些人为了旅行而辞职，这样的做法令人钦佩，但是不值得效仿，毕竟我们需要靠工作来养活自己。不过，我们可以在周末和节假日出去旅行，就像我的同事那样。只要你行动起来，你就能过上浪迹天涯的生活，还不耽误原有的朝九晚五。

姑娘们，青春一去不复返，我们应该抽时间走出去欣赏一下这个世界的美景，在优美景色面前留下你的美好身姿。半年出去玩一次，一年就是两次，十年就是二十次，未来你就会留下二十次难忘的回忆。所以，这根本花费不了多少钱，也耗费不了多少时间。

旅行的过程也是长见识的过程，旅途中你会认识很多人，听到很多不可思议的故事，丰富自己的人生阅历。如果你的梦想是旅行，如果你想看看世界的其他地方，就别再给自己找各种借口了。

无论我们扮演着什么社会角色，只要你愿意，就既可以朝九晚五，也可以浪迹天涯。

发脾气是本能，收脾气才是本事

上周六我和朋友去上海交通大学，晚上四五点回来的时候，在地铁站遇见两个小伙子正在争吵。

两个人越吵越凶，惊动了马路对面的交警，于是交警过来询问事情的原委。得知两人争吵的原因后，交警有些哭笑不得，原来他们如此争吵只是为了争抢一辆共享单车。

大家都知道，上海最近为了方便大家出行，添加了大量共享单车。于是，很多人在进行短距离出行的时候，都会考虑骑一辆共享单车。

不巧的是，那天骑车的人太多，地铁站外面就剩一辆共享单车了。两个小伙子走出地铁站看到那辆车，都飞快地跑去推车。谁知两人同时到达单车附近，各不相让地争抢单车，并吵了起来，还越吵越凶，惊动了交警。

这时，一个骑共享单车的阿姨正好把车停在了旁边，交警说："现在这里多了一辆，你们谁来骑啊？"

可能是为了面子，两个小伙子都没有离开原来的那辆单车。

交警见此情景，叹了口气说：“共享单车是为了方便我们出行才推出的，如果大家都这么抢，抢不到就吵架发脾气，那社会岂不是要乱套了。作为一个良好市民，不要乱发脾气，虽然发脾气是本能，但该有的良好素质还是应该保持。”

两个小伙子意识到自己的行为很不好，加上围观的人越来越多，于是连连向交警道歉，各自推了一辆单车走了。

是啊，谁都有脾气，但在平时，我们还是要收好自己的脾气。毕竟发脾气是本能，收脾气才是本事。

前几天，朋友七七跟我讲，她的同事小A在公司发了很大的脾气，差点惊动了保安。

事情是这样的，部门主管给小A和小B布置了一项任务，让她们每人出一份当地旅游路线的方案。两个人都很认真，各自熬夜写出了一份方案。

当小B看了小A的方案后，觉得自己写得太差了，于是趁小A不在工位上的时候，拷贝了小A的方案，然后上交给主管，说是自己完成的。小A知道后，气得想立马撕了小B。她和小B当面对质，但小B死不承认。小A气得动起了手，两人在办公室里厮打起来，同事怎么拉都拉不开，最后主管的怒吼终止了这场混战。

后来主管搞清楚了状况，也没有原谅小A在公司乱发脾气的行为。毕竟，除了要给员工公道，更要维护部门的面子。办公室内发生斗殴事件给公司造成了恶劣的影响，也把小A暴躁易怒的性格缺陷暴露无遗。最终，主管让两人都写了检讨书。

这件事本可以更好地解决，小A如果能找部门主管把事情说清楚，调查一下，真相就会出来。可是这么一闹，原本是受害者的小A，反而变成了过错更大的那个。

每个人都会有脾气，小到三岁的孩子，大到七八十岁的老人，都会因不开心的事而发脾气。我们可能会因为受不了家人的唠叨，向他们发脾气；可能会因为同学、朋友说错了话、做错了事，而对其发脾气。虽然亲近的人会包容我们，可是作为一个成年人，我们还是应该学会控制自己的情绪，毕竟大多数人发完脾气都会后悔。因此，在情绪失控之前，最好冷静一下。

无论我们在学校还是社会上，在发脾气前，不妨先冷静地想一下，发脾气造成的后果是不是自己能承担的。因为，大多时候发脾气的那几分钟的确很爽，但造成的后果却让我们头痛不堪。偶尔发脾气是一种宣泄情绪的方式，但是一定要注意场合，在公共场合一定要具备收脾气的本事。

我们应时刻牢记：发脾气是本能，收脾气是本事。

脾气永远不要大于本事

前段时间，我一直在考虑买房。朋友知道后，把干房产中介的权哥介绍给我认识。接触几次后，我发现他脾气特别好，于是对他多了几分信赖。

那天他开车带我和朋友出去吃饭，有一辆车在前面连续变道两次，当时的情况，脾气再好的人都会忍不住想发火。就在我以为权哥会大发脾气骂几句时，没想到他说："这样开车太危险了，真的很不负责任。"

他没有说脏话，也没有追上去给人难堪，就说了一句看似指责其实是关心的话，这让我突然很信任这个人。都说开车见人品，还真挺对的。

因为家境贫困，权哥十六岁就出来打工了。一开始，他没有任何技能，于是去学做菜，当上了厨师。结婚后，他和妻子在老家开了一个餐馆。孩子出生后，妻子就在家当起了全职太太，安心地照顾孩子。于是，他转让了餐馆，再次出来打工。

他做了两年的绿化工程，虽然赚钱不多，但每天跟着领导，增长了不少见识。当年他做厨师时，战场就是厨房，一天也讲不了几句话，性格自然腼腆。后来做绿化时，跟着领导接触了不少人，讲的话也多了，在外人面前的表现也越来越好。再后来，他就做了房地产中介。

他告诉我，这个月他已经拿到了十万元的提成。十万元是什么概念呢，大概是他以前收入的十倍吧。

当然，他取得今天的成绩不只是因为他脾气好，还因为他无时无刻不在努力。

权哥告诉我，在刚进这行时，因为没有客户，他每个月只有一千多元的底薪。为了活下去，在朋友的帮助下，他还兼职开了一个网店卖女包。不仅如此，他还利用那段时间，考了专业房产经纪人证书。

因为权哥的性格好、服务好，客户买房之后，经常会把自己的朋友介绍过来，所以他的客户越来越多，收入也越来越高。

我一直相信，脾气好的人都会有很不错的收入，因为不管在哪里，都有人愿意帮他们。

与之相反的是，有一些人，脾气远远大于自己的本事。

我在实习的时候遇到了一个同事，她是做行政的。别看她的职位不高，可脾气还挺大，每天都对办公室的同事冷嘲热讽。

公司会给员工发放抽纸、笔记本、笔等办公用品，这些东西用完了去行政部门登记一下就可以领取了。可是如果你在一个月内领了两次，她就开始发飙，说一些让人极其不舒服的话。

刚开始她只是为这些小事向同事发脾气，后来她总是向同事找茬引起争吵，于是不久就被公司领导劝退了。

一个连自己脾气都控制不了的人，大概也不能把握自己的人生吧？毕竟人生的道路上有那么多劫难，要先控制好自己的脾气，才有勇气去面对人生的荆棘。如果你的脾气大于自己的本事，也就没人愿意帮你了。

每个人都有自己的脾气，可不管怎么样，你的脾气永远不能大于自己的本事。

对喜欢麻烦你的人大胆说“不”

朋友潇潇是做设计的，总有人找她帮忙设计LOGO，一开始她碍于面子还会向他们免费提供帮助。可是，后来有几个人总把她当成免费劳动力，于是她慢慢地学会了拒绝别人。

很早的时候，我就告诉潇潇要学会拒绝。不要总是碍于面子去帮助那些为难你的人，因为那些好意思为难别人的人，本身也不是什么好人。

现在，潇潇终于学会了拒绝别人的无理要求，我为此感到十分开心。她之所以想开了，是因为春节前发生的一件事。

一个和潇潇并不是很熟的女生给她发微信，让她免费帮忙设计一个LOGO。潇潇日程本来就排得很满了，给钱还不一定能约到她，没想到那个女生再一次把她当成了免费劳动力。

为什么用“再一次”这三个字呢？因为这个女生听说潇潇擅长设计就让她帮忙做过一次了，没想到，还没完没了了。

潇潇以“太忙了，暂不接单”为理由拒绝了这个要求。

没料到，那个女生很生气地对潇潇说：“我都答应我朋友可以免费帮他设计一个LOGO了，你怎么可以不帮忙呢？这也太不够意思了吧。”

潇潇说：“既然你不会设计，又为什么要答应帮你朋友的忙呢？”

那个女生理所当然地回答：“因为你会做啊。”

为什么我会设计就要帮你忙啊？难不成你认识了马云，他就应该分你钱啊。潇潇最后以拉黑这个女生，结束了这件事。

如今，很多人喜欢拿别人养家糊口的工作去让人家为自己免费服务。没人告诉他，天下没有免费午餐这件事吗？这种人不拉黑，真的就要上天了。

我们还经常听到这类话：你不是会摄影吗？帮我拍几张照片吧；你不是学美术的吗？帮我画几张画吧。

摄影器材不要钱啊，维修不要钱啊，机损和底片的费用你考虑了吗？画画是几秒钟就可以搞定的事吗？给你免费画画还不如回家多补点觉呢。再说了，时间还要钱呢！

真抱歉，这不是小忙，我们管这叫抢钱。

真的，不要随意践踏别人的劳动，你这么消耗别人，只会日益抢走他们对这一行的热爱！

你永远不知道你甩出的这句“这是小事，帮个忙吧”，会让别人为了帮你这所谓的“小忙”有多累多辛苦。

如果这些都算小事，那你自己来解决啊。

刘瑜说过：“远离消耗你的人，也不要去消耗别人。”

我一直觉得这句话说得特别好，仔细品味这句话并用到生活上，你会少去很多烦恼。

那些内耗你的人，于无形中就会偷走你对生活的热情。

我们每个人身上都是有能量的，即使微不足道，即使不能照亮别人，但我们至少别做那个消耗别人的人。

远离消耗你的人，也不要去消耗别人，这是与这个世界最好的相处方式。

讨厌一个人时，应当怎么办

前两天，有个大学生在微博里给我发私信：我们宿舍都可以拍出一部宫斗剧了，有一个奇葩室友太招人烦了。

紧接着，我就收到了这个大学生的一大段话。

这个大学生告诉我，她们寝室一共住了四个女孩，而这个奇葩室友和其余三个女孩都发生过争吵。不仅如此，这个奇葩室友在整个班级，甚至整个学院都招人厌烦，没有一个人愿意和她做朋友。

“她的作息极度不规律，在该睡觉的时候大声唱歌引来宿管阿姨敲门，还不服管教，和宿管阿姨争吵，导致我们寝室遭到通报批评。

“她不讲卫生，衣服、床单、被罩总是脏兮兮的，散发出一股难闻的味道，我们多次建议她清洗一下，可她不仅不洗还冲我们大发脾气。

“她不交电费，每次电费都是我们三个人交的，还天天一副我们都欺负她的样子，真的受不了了。

“我们向辅导员申请换宿舍，可辅导员只会让我们再忍忍……”

最后，这个大学生问能不能给她支个招。

我想了一下，这类事情还挺多的。只要有人的地方就会有矛盾，只要住在一起，肯定就有看不惯的地方。

可是生命短暂，把时间浪费在这些鸡毛蒜皮的小事上，就等于挥霍生命。毕业后，当你回忆这些事时，你可能只会笑一笑。

大学这四年，你有大把空余时间自由支配。你可以去图书馆读书看报，也可以在宿舍上网和好友聊天，还可以参加各种社团活动结交好友……

要做的事情这么多，何必在宿舍和她吵架呢？那么美好的时光，却浪费在看不惯上，该有多可惜啊。

前几天看王潇的一本书，书名是《按自己的意愿过一生》，其中讲了一个小故事，大意是如何远离讨厌的人。

五年级时，她所在的班级举行了一个活动，王潇参加的节目是跳舞。她很开心能上台表演，于是很认真地练习。可是在练习时，有几个同学说她身体僵硬、舞姿难看，甚至见到她就嘲笑她。

她很难过，却不知如何反驳，因为她知道自己跳得确实不好。她心情低落地回到家，把自己关在房间偷偷哭泣。

她爸爸知道这件事后，对她说：“你现在能做的就是好好学习，等到你考上初中的时候，他们自然就会从你身边消失了。”

王潇不太懂爸爸的意思，但她相信爸爸，于是更加努力学习。

上天没有辜负她的努力，最后她考上了本地最好的初中，真的再也没有见过那几个女同学。

这个小故事告诉我们：当你优秀了，你的圈子就会过滤掉那些跟不上你节奏的人，而这些人中可能就会有你讨厌的那些。

因此，当你讨厌一个人时，你要做的不是去和这个人争吵，也不是向别人诋毁这个人，而是努力提升自己，把自己变得越来越优秀。

记住，远离你讨厌的人唯一的办法就是努力使自己更优秀，让这个人远离你的社交圈子。

遇到什么样的人是不可控的，但你可以控制自己未来与什么样的人在一起。选择和能让自己变得更好的人一起生活，是对自己的人生负责，也是对自己的一种奖赏。

你不是心直口快，你是口无遮拦

“我就是开个玩笑，你别放在心上。”

“我就是直性子，想到什么说什么，你可千万别介意。”

“我没有什么恶意，你别生气啊。”

当你说出这些话时，你就要做好失去朋友的准备。

周末，小青、佳佳和我一起吃午饭，面对一桌子菜，小青没吃几口，反而时不时地看着窗外发呆。

我问道：“你这是怎么了，点的菜不好吃吗？我记得这些可都是你爱吃的啊！”

小青叹了口气，说道：“不是因为菜，而是工作上的事。”

小青前不久换了工作，新公司就在她家附近，她吃苦耐劳、工作能力也很强，为了能进入这家公司还付出了很多努力，我完全没想到她会因工作上的事烦心。

“工作上？”

“是的，我刚到公司，对公司的业务还不是很熟悉，与我同组的一个男同事总是说我，每次他见到我都会对我冷嘲热讽，让我觉得自己好像什么都做不好。”

我问：“你那个男同事到底对你说什么了，让你都开始质疑自己了？”

“我进公司第一天，他就说：‘你怎么这么菜呢，连这个也不会！’我原想请教他一些问题，可他总是这样，弄得我好像没能力一样。”

“那你有没有和他沟通啊？”

“我有一次和他提过这件事，他竟然说他就是心直口快，让我不要介意。”

接下来，小青又给我们讲了这个男同事的另外一件事。

中午，他们部门的同事一起吃饭，一个女同事说两个月后要拍婚纱照，她为了拍出好看的婚纱照正在节食，只吃了很少的饭。

这时，那个经常对小青冷嘲热讽的男同事说：“那你一定要多减几斤，你看你现在这么胖，再吃真成水桶腰了，拍出来的照片一定又圆又丑。”

那个女同事的脸色瞬间就不好看了，其他同事赶紧扯开话题，没想到他又补了一句：“你的脸太大了，一个乒乓球拍都遮不住。”

说完这句话，他自己足足笑了一分钟。

女同事的脸这时完全黑了，她指着那个男同事说：“你说话怎么这么过分呢，就不能留点口德吗？”

其他人只能赶快圆场，可是女同事还是气冲冲地走掉了。

女同事走后，他还委屈地说：“都同事这么久了，连这点玩笑都开不起，我又没有恶意，只是心直口快而已。”

这个男同事刚进公司两个月而已，却总以为和大家很熟。

这个世界上总是有很多人打着开玩笑的旗帜，说一些令人伤心的话，如果别人生气计较，反而说别人太小气。我觉得，这样的人不是爱开玩笑，而是缺乏教养。

佳佳听小青讲完，说自己以前的闺蜜也是这样的人，现在两人已经绝交了。

她以前这个闺蜜身高168厘米左右，总喜欢嘲笑佳佳160厘米的身高。佳佳只觉得她嘴损，没把这件事放在心上。

后来，佳佳和她一起去参加同学的生日派对，巧合的是，遇到了佳佳暗恋的学长。佳佳本想找机会和学长说话，却始终没有鼓起勇气。

没想到学长过来找佳佳聊天，佳佳激动得羞红了脸。两人正在热聊的时候，佳佳的闺蜜忽然跑过来说了一句："学长你好高啊，哈哈，我们佳佳真是矮，你们站在一起显得我们佳佳更矮了。"

那一刻，佳佳真想找个地洞钻下去。闺蜜不是不知道她暗恋那个学长，还在他面前说这些话。

事后佳佳问她为什么在学长面前说这些话，她竟然说自己是无心的。那次以后，佳佳再也没法像以前一样和她相处了。

好朋友之间的确可以无话不说，可是说话时也要看场合。你不能因为对方是你最好的朋友，就要求对方无限度地包容你的嘴欠，对方不开心了，你还来一句："我们不是最好的朋友吗？"

这个时代，太多的人把口无遮拦当成了心直口快，也有太多的人喜欢把别人弄得不开心后说："我就是爱开玩笑，你别介意啊。”可是，你明明知道自己说出这样的话会引起别人不痛快，为什么还要说呢？

别再拿自己的口无遮拦当心直口快了，长此以往，你会发现身边的朋友越来越少。

小朋友，调皮一下怎么了

和闺蜜逛完街后有点累，打算找个地方吃点东西休息一下。正好前面五十米处就是一家肯德基，于是我们默契地走了进去。

进去后我们点了小吃和饮料，正好靠墙一排的两人桌的客人起身准备离开，我们就赶紧坐下了。

肯德基里人来人往，不一会儿，我们旁边就坐了一家三口。他们的孩子大概五六岁，一进来就穿着鞋站在这一排相通的长座位上来回跑。孩子从妈妈后面穿过来，跑到我后面，我不得不向前靠一下，可他还是在我洁白的裙子上留下了脚印。

我礼貌地看了看孩子的家长，他的妈妈只是说："宝贝儿你穿着鞋子跑，会弄脏姐姐的裙子，赶紧过来老实坐下。"他的妈妈说完喝了口饮料，继续和孩子爸爸聊天。

我原以为孩子能安静几分钟，没想到他根本不听妈妈的话，还是一直跑来跑去。

没办法，我只好向前又靠了一点，看着被踩脏的裙子，心里有点不舒服。我不奢求家长道歉，但还是希望家长制止孩子乱跑的行为。可家长摆明了置之不理，任由自己的孩子跑来跑去妨碍别人用餐。

闺蜜示意我们换个座位，可观察了一下四周，没找到一个空位，于是我们打算去隔壁的咖啡店。就在我们起身准备离开时，那个孩子的家长说："小孩子调皮一下怎么了，至于吗？"

我们假装没听到，径直走了出去。能说出这种话的家长，和她理论也没用，她已把自己的素质摆在台面上了。

公司所在大厦的一楼是一家书店，中午吃完饭我们经常去那儿看书，在这里我们经常看到许多家长带着自家的孩子过来。

书店很大，有一个区域是专门给孩子准备的，孩子在这里可以随意朗诵，不会打扰到书店的其他读者。

这天许多孩子聚到一起嬉戏玩闹，很快就忘了来书店的目的，几个孩子甚至跑出儿童区域来到公共空间追逐打闹。

一个孩子的妈妈发现后，赶紧放下书跑到自己孩子面前，拉着他就往外走，一边走一边教育："你这样会打扰到哥哥姐姐的，书店是看书的地方，不是你玩耍的场所，调皮捣蛋的小朋友不配待在书店。"

这些话有点严厉，但让孩子明白了什么场合应做出什么举动。

同样是面对五六岁的孩子，同样是孩子做出了打扰别人的举动，两个妈妈教育孩子的行为却差别如此之大。我相信这两个孩子长大后的行为举止，在家庭教育的影响下会有很大差别。

父母把孩子带到了这个世界上，就应承担起照顾和教育孩子的义务。经常看到有些父母，在看到自家孩子给别人带来麻烦时，说："小孩子调皮捣蛋，你别放在心上。他还小，长大后就懂事了。"

他们想当然地认为孩子长大后一切就都会变好，殊不知，不帮孩子树立正确的是非观，孩子只会越走越偏。

PART 7

你所有付出的爱，都将回报你

很多事情，一个人很难坚持下来，但频率相同的人会引起共振，两个人一起努力，就会发现事情并没那么难。我觉得爱情之所以美好，就在于恋人都在为了彼此变得越来越好。

原来对的爱情真的会让人越来越优秀

高中的时候，学校已经有成双成对的小情侣了，虽然学校禁止学生早恋，但还是阻挡不了那些青春期的学生。

我们班上就有一对，他们恋爱之前的成绩在我们班只算中等，可二人交往之后，他们的成绩居然突飞猛进，就连老师都对他们的恋情睁一只眼，闭一只眼。

两个人的成绩为什么进步那么大呢？原来他们为了毕业后能依然在一起，约定好考同一所大学。为了这个目标，他们每天都很努力地学习。

那个时候，每天下晚自习都会有很多人去操场散步，这中间当然也有很多小情侣，他们两个人也不例外。不过，他们去操场不是像其他情侣那样打情骂俏，而是相互抽查功课。

不仅如此，他们约会的方式也与其他情侣不同，别的情侣一到周末就一起逛街、吃饭、看电影，而他们却一起去自习室学习。每当我们推开自习室的门，一定能看到他们的身影。

他们相互学习、相互监督，学习成绩不断提高，男生从一个化学公式都背不全的学渣变成了化学科目的学霸，女生的英语成绩也从不及格变成了优秀。最终，两人如愿考入了同一所大学。

从那时起我就明白，找到志同道合的伴侣会促使我们不断进步，所以谈恋爱会耽搁学习的说法并不准确。

我们公司有一个女同事，她和她的男朋友就是相互影响、共同进步的典型例子。

同事的男朋友是在IT行业工作，他的职业对英语要求很高。有段时间，同事的男朋友需要训练英语口语，可苦于找不到人陪他练，于是同事就苦学英语来陪他。两人从最初只能用蹩脚的英语进行简单交流，渐渐变得越来越流利，现在他们可以熟练地使用英语进行日常交流了。

同事的男朋友喜欢跑步，能轻松地跑完五公里。同事不忍他独自跑就想陪他，于是从开始陪他跑一公里，慢慢发展到五公里。后来两人还相互打气，坚持到了十公里。

这是同事以前想都不敢想的，她一直觉得自己没有运动细胞，从没想过自己会在男友的陪伴下跑这么远。

有一段时间我们工作比较繁忙，她每天靠外卖解决自己的一日三餐，体检时她发现自己的身体出了一大堆小毛病。医生建议她少吃外卖，晚上最好吃点清淡养胃的食物。

她的男朋友知道这件事后，开始为她“洗手做羹汤”，每天抱着菜谱研究，最后竟然从对做菜一窍不通变成厨艺达人。

爱情就是拥有这样神奇的魔力，让人忍不住为了深爱的人，不知不觉地释放身上积攒了多年的力量，挖掘自己各方面的潜能。

很多事情，一个人很难坚持下来，但频率相同的人会引起共振，两个人一起努力，就会发现事情并没那么难。我觉得爱情之所以美好，就在于恋人都在为了彼此变得越来越好。

哪有什么天造地设，还不是努力适应对方

每当看到身边甜蜜的情侣，就有人羡慕地说：“他们真是天造地设的一对儿！”可是世上真有天造地设的情侣吗？我觉得那些看起来天造地设的情侣，都经过了努力适应对方的过程。

樱桃和他的男友是大学同学，校园里的恋情都是美好又单纯的。那个时候，两个人的约会方式就是在操场上散步，手牵手去图书馆学习。

转眼就到了大四，毕业季即分手季，好多校园情侣不能摆脱毕业就分手的魔咒，我们以为他们的恋情也不会例外。樱桃的男友在积极地寻找实习单位，樱桃则在认真地准备考研，如此不同步的生活节奏让我们更加不看好他们的恋情，可谁知他们戴着订婚戒指出现在我们面前。

他们二人可以摆脱魔咒，一定是他们很少闹矛盾。这可能是很多人的想法，其实他们闹矛盾的次数并不比其他情侣少，只是他们争执过后都会冷静下来反思自己的过错，然后迅速

和好。

樱桃的男友找到实习单位后就搬到了校外居住，大四的周末，樱桃去他男友的出租房找他，可是男友光顾着和别人聊天，吃饭时却没有叫她。樱桃觉得男友不关心自己就大发脾气，等着男友来哄。男友觉得樱桃莫名其妙就发脾气，所以没有理她。于是，两人开始冷战。

凌晨一点的时候，樱桃越想越难过，一分钟都不愿再待下去，于是开门走出男友的出租房。由于男友第二天要上班早已进入了梦乡，因此并没察觉樱桃离开。

樱桃凌晨一点走在马路上，感到有点凄凉。她本想打个车回学校，可一想要花一百多元就有点心疼，忽然想起住在附近小区的大学舍友燕子，于是投奔了燕子。

后来聚会时，我们经常拿这段经历取笑她，都那么难过了还想着省钱，真是过日子的优良人选。

第二天，男友找到了樱桃。见面后，两人竟像什么都没发生一样眉来眼去，最后还紧紧地拥抱在一起，燕子在一旁看得目瞪口呆。情侣之间难免会因为一件小事就发生争吵，可一般都会有一方先开口道歉，像他们这样还没开口道歉就和好的实在罕见！

后来我们才知道，他们二人每次产生矛盾，都会反思这件事是不是原则性问题，如果不是原则性问题就会想是不是自己小题大做了。这样反思下来，矛盾也就消除了，然后二人就会和好如初。

情侣间吵架大部分都不会涉及原则性问题，相互喜欢的人没必要因为一些小矛盾就相互伤害，非要分一个高下。世上的夫妻没有天造地设的，我们看到的你侬我侬，都是二人努力经营出来的。

前世五百次的回眸才换来今生的一次擦肩而过，相遇已经如此难得，更何况由相遇到相知，再由相知到相爱！两个人相爱并走到一起是难得的缘分，我们没有理由不好好珍惜。

同事L和她的老公是我们公认的恩爱夫妻。两人结婚五年还是甜蜜如初。

L的老公工作很忙，经常加班到深夜。有一天，L的老公对她说今天不忙，晚上八点一起看电影，然后把取票码发给了L。L下班后兴冲冲地去影院取出影票，接着又买了饮料和爆米花等着老公过来。可是时间一分一秒过去了，眼看电影就要开始了，老公依旧不见人影。L连忙联系老公，老公安抚道："你先观影吧，我一会儿就到。"可是，直到L把电影看完，她的老公也没有出现。

类似这样的事情还有很多，不过L很会调节情绪，她总安慰自己，老公这么忙碌也是为了赚更多钱养自己和孩子。这样一想，她的心情就好多了。

感情的事，是需要两人共同维系的。

L的老公对L也特别照顾，有一次L说了一句想吃豆腐脑，他就在深夜开车一个小时去那家店买L喜欢的豆腐脑。

L喜欢的歌手要开演唱会，他就提前设好闹钟给L抢前排座位的票，只为了让L可以看清歌手的脸。

每当L不开心，他就会给她买零食、扮鬼脸、买衣服等，总之使出浑身解数让L开心起来。

结婚典礼上，他曾当着众人的面承诺：L嫁给自己就失去了其他男生对她好的机会，因此他要加倍对L好。

百年修得同船渡，千年修得共枕眠。从相遇到相爱，再到结为夫妻，这是难得的缘分，我们一定要好好珍惜。

再怎么吵，
还是想和你过一辈子

美好的爱情不是不吵架，而是不管怎么吵，冷静下来后，还是想和他过一辈子。

林旭和吴怡是从大一开始交往的，今年是他们恋爱的第七年。圣诞节的时候，林旭在香港迪士尼向吴怡求了婚，许下了一辈子在一起的承诺。

旁人觉得他们感情特别好，每天都很甜蜜，不由心生疑问，难道他们不吵架吗？天下没有不吵架、不闹矛盾的情侣，他们二人当然也不会意外。

所有的情侣都会经历闹矛盾、吵架、冷战、再和好的过程，在这个过程中情侣会了解彼此的脾气，明白彼此的底线，这是吵架对情侣交往带来的一个积极影响。但是吵架过程中，我们很容易控制不住自己的情绪，觉得对方犯了不可饶恕的错误，甚至觉得在一起没意思，冲动的人还会向伴侣提出分手。

吴怡和林旭也会吵架，次数不算多，一周一两次吧。可是吵完架，冷静下来后，吴怡还是只想和他过一辈子。林旭也是

这样，在他心里，他早把吴怡当作自己携手一生的伴侣了。

前段时间，两人因为一点小事闹了矛盾。

两个人在逛街的时候，吴怡想再逛逛，可是林旭想回家看篮球比赛了，于是两个人都不开心了。

吴怡说："难得出来逛个街，这才逛了一小会儿，你就急着回家，难道篮球比赛比我还重要吗？你就不能看重播啊。"

林旭说："逛街哪天都可以啊，你明知道我爱看篮球比赛，就不能陪我回去吗？"

似乎谁的说法都有道理。

两人互不相让，大吵一架，接着拉开了冷战的序幕。吴怡不理林旭，林旭也拒绝主动联系吴怡。

第二天下班的时候，林旭照常去接吴怡，因为不放心她一个人回家。那个时候，吴怡也不生气了，因为她心里想，只要林旭在公司楼下等她，她就原谅他。

类似这样的情况很多，吵得很凶的时候，吴怡甚至拉黑过林旭，林旭也曾明确表示再也不理吴怡，但是一次又一次，他们都舍不得彻底放弃对方。

其实没有谁天生就脾气好，能忍受你的坏脾气的人不是因为脾气有多好，而是他想要和你在一起，想要宠你一辈子。

以前看到一个小故事，爱情就是吵得不可开交，摔门而去，回来时还顺便去菜市场买了对方爱吃的菜。

这才是爱情应有的样子。

今年圣诞节的时候，两人去香港迪士尼玩，那里是他们第一次约会的地方。在此之前，吴怡丝毫没有想到，这个地方竟然再次见证了她通往幸福大门的过程。

那一天，天气特别好，两个人和香港的几个朋友一起去迪士尼玩。

玩了一天后，夕阳西下，林旭捧着一束玫瑰送给吴怡，然后拿出戒指并单膝跪下。

他说：“我们在一起七年了，剩下的七十年，你愿意和我一起过吗？”

她感动地点头，然后伸手给林旭。

戴上戒指后，吴怡一边哭着抚摸手上的戒指，一边低声问道：“这个戒指的尺寸好合适，你怎么知道我的尺寸的。”

林旭笑着回答她：“我趁你睡着的时候，偷偷量过。”

吴怡一下就抱住了他，这个看起来粗心的大男孩，居然会有如此细心可爱的一面。

林旭知道，女孩子都比较重视求婚，为了给她一个浪漫的回忆，他偷偷准备了一个月左右。

他先是让吴怡的闺蜜侧面打听她喜欢什么样的戒指款式，然后让香港的朋友准备好求婚时要用的鲜花和气球……

爱情是人世间最美妙的一种情感，相爱就是这样，怎么吵都吵不散。你所有的缺点我都可以包容，你所有的难过我都想和你一起分担。

他们是平凡的情侣，他们会在前一天还吵架冷战，吵完后心里想的居然全是对方。

他说：“余生多多指教。”

她回：“好的。”

吵不散的感情才是人世间最幸福的爱情，再怎么吵，我还是想和你过一辈子。

爱他就和他好好吃每顿饭

七夕那天，各大餐馆全是排队吃饭的情侣，从店门前经过，就会被这长长的队伍震住。

我不禁感叹，与其说七夕是情侣们的节日，不如说是商家赚钱的好日子。

下班后，我和男朋友相约去一家很有名的火锅店吃饭，然而取票后，我们发现前面还有79桌在等待。如果等下去，不知要等到何时，于是我们商量后扔掉了手中的票，去另寻饭馆。

正当我们准备离开的时候，火锅店门口的一对小情侣引起了我们的注意。

“这么多人排队，轮到我们时起码到十点了，你准备把我饿死啊？”女孩质问男孩。

“可是我能怎么办啊！”男孩无奈地说。

女孩看了男孩一眼，说道：“为什么你不提前预订呢？”

“我没想到会有这么多人啊，你不是也没想到提前预订吗？”男孩反驳道。

“哦？这还怪我啦？今天可是七夕，你难道不应该把各方面都考虑好，为我们二人做一个浪漫的规划吗？平时我总是做规划，今天还让我做啊？”男孩的反驳惹怒了女孩，女孩说完这话扭头就走，周围的人都看着他们。

男孩见女孩发了脾气，又看到很多人看着自己，于是一边呼唤女孩的名字一边追随女孩而去。

看到这个景象，我不由感慨，七夕是浪漫的节日，也是最容易引起情侣争吵的日子。有人会因为对方没有送自己礼物而吵架，有人会因为对方送的礼物太不用心而闹分手，还有人会因为对方没有做好约会攻略而大发脾气。

七夕前，知乎和微博上“七夕送200元的礼物到底少不少”成为热门话题，大家纷纷对其发表看法。

有人觉得男生心意到了就行，毕竟每个人的经济条件不一样，礼物不应看价格高低。也有人觉得200元的礼物，怎么好意思送出去？200元的礼物哪有心意，不如抓紧分手。

朋友看到这个话题后问我要是收到男朋友送的价值200元的礼物，我会是什么反应。我想了想，男朋友送我的礼物有的很贵，有的很便宜，但我从未因礼物便宜就怀疑他对我的心意，从而和他大吵大闹。

我一直觉得在特殊的日子，我们能抽出时间，找一家环境不错的餐厅静静地享受美味，我就会很开心，至于礼物我觉得根本不重要。这可能是因为职业的原因，我们经常加班，很少有机会一起吃饭，所以我格外珍惜一起吃饭的机会。

因此，我对朋友说：“没必要纠结礼物的价格，只要他把你放在心上就可以。”

那天，我们从那家店出来后去了一家火锅店，这家火锅店的位置比较偏，因此顾客不太多，大概排了半个小时的队，就轮到我们了。

别看这家店的位置不好，但环境不错，食材也很好，于是我很开心地享受美食。男朋友打趣我吃饭的样子像饿了好几天的，还说他一直担心我噎着。

吃饭途中，隔壁一桌引起了我的兴趣。隔壁桌坐了一男一女，桌上还摆了一束玫瑰花，看样子是一对情侣。他们点了很多菜，到他们离开时桌上还剩好几盘没有下锅的菜。

两个人在吃饭时没有言语交谈，都在低头玩手机。半小时后，女孩去了趟洗手间，回来后冷漠地说："走吧。"男孩低头看着手机，然后乖乖起身跟随女孩出了火锅店。

他们走后，我和男朋友相互看了一眼，默契地笑了笑。我们吃饭时有个约定，不许玩手机。我看到那对情侣后，忽然觉得我们这个约定太好了。

人们常说，生活要有仪式感，我觉得吃饭也要有仪式感。放下手机，专心享受美食，在这期间和亲近的人分享一下自己的感想，或者讨论一些有趣的话题，这样的进餐氛围才会有益身心健康啊。

手机玩多了，对脊椎不好；约会时双方各自玩手机，会伤害彼此的感情；吃饭时玩手机既影响消化，又忽略伴侣的感受，也是对美食极大的不尊重。

情侣们不在一起的日子，都会嘱咐对方好好吃饭、注意身体，可是在一起的时候，反而会忽略好好吃饭这件事。我觉得如果爱一个人，就把心意放到餐桌上，陪对方好好吃顿饭。

爱情即使没有明确开始，也要认真结束

朋友S上周末和男朋友分手了，得知这个消息后我一点儿也不惊讶。两个人这段恋情只维持了三个月，却从没有甜蜜过，相反，S在这段恋爱中感到身心俱疲。

S和那个男生是通过二人的共同朋友介绍认识的，S从第一次见面就对他产生了好感。男生在上海有房有车，还长得又高又帅，这样的人任哪个女孩看到都会心动，更何况S这样少女心严重的女孩。

一顿晚饭吃完，两个人互留了微信。接下来的剧情都能猜到，两个人开始单独约会，S觉得男生各方面都不错，只是有一点也是很重要的一点，让S感觉不舒服，就是这个男生一点也不主动。S觉得可能是他太腼腆了，再相处一段时间应该就会好一点。

两个人在认识一个月后自然而然地走到了一起，虽然没有明说，但女生应该都懂这种情况，就是男生在这段关系中态度不明确。比如，他们会像正常情侣那样牵手、逛街、看电影、吃饭，但没有正常情侣的你侬我侬。在这期间，只要S不给那个男生发微信、打电话，男生就像消失了一样，一点音讯都没有，甚至他从来没带S见过他的朋友，也没有在朋友圈里提过S，更别提在朋友圈中发S的照片了。

谈恋爱时，没有要求一定要在朋友圈里发照片秀恩爱，但是带自己的女朋友熟悉自己的生活圈是很有必要的。这样做既可以加深对彼此的了解，让对方尽快融入自己的社交圈，又可以向对方表明自己很在乎她。他这种把女朋友藏着掖着的做法，难免会让S想歪。

每次S问那个男生："我们到底是什么关系？"

男生都只是回一句："就是现在这样啊，干吗老是问这种问题。"

"你就给我一个明确回答，是男女朋友关系吗？"

"我们都一起约会了，你说呢？"

一个男生能这样对女生也是够奇葩的，试问这种暧昧不明的关系哪个女生受得了？在一起还是没在一起，大大方方讲清楚有那么困难吗？况且S想要的只是一个光明正大的关系，这并不过分啊。

两人这样的情况让S感到很尴尬，每当有人问她是否有男朋友时，她都没底气对别人说"有"，只能无奈地摇头。S是个很优秀的女孩，她在国外读的大学和研究生，回国后被公司高薪聘入，她的各方面条件并不差，她不懂为什么对方迟迟不肯带她融入他的社交圈。

不过，S不打算追究了，他不懂风花雪月也好，他没那么在意自己也罢，这些对S而言都不重要了。三个月后的一个周末，S把他约到了两人第一次见面的那家餐厅。

当男生到餐厅后，桌上已经摆满了他平常爱吃的菜。

“今天什么日子啊，点这么多菜？”男生问道。

“郑重告别的日子。”S看着他回答。

男生惊讶地看着S，S继续用沉稳的语气说：“刚认识你的时候我挺开心的，每天都期待见到你。可是，我们在一起之后我发现自己并不开心，因为在与你交往的这段时间里，我一点安全感也没有。我不主动联系你，你就从不联系我。正常情侣就算不时时刻刻黏在一起，但至少每天会联系吧？我问你我们是否是男女朋友关系，你总是搪塞敷衍，就不能给我一个明确回答吗？时至今日，我都不知道我们之间的关系到底算什么，可能我们都不是彼此对的那个人吧。你没有给我一个明确的开始，但此时此刻，我要给你一个明确的结束，以后我们就当不认识吧！”

“难道这些话非要说出来吗？有些话我以为不用说出来你也会懂。”男生闷声说道。

“心有灵犀的前提是我们要足够了解对方啊。正常情侣也需要相处一两年才能不用说就知道对方想什么。我们刚交往三个月而已，你甚至都没有给我机会，让我们通过交流来了解彼此。我白天发消息给你，你说在忙；晚上给你打电话，你说在加班。这段时间，你从不向我敞露心扉，也从没做出一些举动来让我感受到你的心意，哪怕一个小礼物你都没有送过。爱一个人是能感受到的，眼神里的爱意是挡不住的，我从你的举动中完全感受不到这种爱意。我想要的不多，只是正常情侣该有的一切而已，然而你给不了。”S说完这番话拿着包就走，走出两步又回头说，“对了，我已经埋单了。”

S潇洒地走出餐厅，闭上眼呼吸了一口新鲜空气，微笑着说：“我这么好，一定会遇见真正爱我的人。”

不论男女在爱情里都需要安全感，明确关系不只是宣布主权这么简单，这更是对伴侣的一种尊重。爱一个人虽然不需要让全世界都知道，但一定要让对方感受到。

谈恋爱时虽然不用时刻像连体婴那样黏在一起，但至少要经常联系，让对方知道你在想着她念着她。倘若真的喜欢一个人，又怎会不主动联系呢？热恋期的情侣哪个不是恨不得天天黏在一起呢？

在爱情的世界里，找到一个和你同频率的人才能引起共振。遇到错的人，你无论做什么他都不会放在心上；遇到对的人，你自然就会成为他的心头肉。

这个城市不大，可是我们却再也没有见过

高中文理分科时，我们都选择了文科，还意外地成了前后桌，顺理成章地逐渐熟悉起来，成了好朋友。

无数次聚在一起畅谈梦想，我知道你想去青岛念大学。自此，青岛变成了我想去的地方，因为你在哪儿我就想去哪儿。

高考成绩出来的那一天，我坐在床上紧张地给你打电话，当我知道你的分数和我一样的那个瞬间，我立刻从床上跳下来，在房间里转了好几圈。一样的分数，这难道是上天的青睐？那一刻，我更加坚定了要和你去同一个城市读同一所大学的决心。

命运似乎和我开了一个天大的玩笑，填志愿前夕，你说你心里有了喜欢的男生。那个男生的成绩并不好，分数也只能上一所专科学校。但你说，不管他选择什么学校，你都会跟随。在填志愿的前一晚，我打电话给你，你说你们打算一起填报烟台的某所大学。那一刻，我失魂落魄，觉得自己就像一个笑话。

第二天，填完志愿，点击确认按钮的那一刻，我的心好

痛。最终，你为了那个男生去了烟台，而我为了你去了青岛。

我们同一天开学，但目的地却是两个城市。我在心里告诉自己，只要你开心，我定不会打扰你。可是就在我准备放下你的时候，我们之间又有了交集。

开学两个月后的一天，无意中看到你写的一条说说：心灰意冷，现在我的心情就如同外面的天气一样乌云密布。

我那一刻特别担心你，于是毫不犹豫地给你打了电话，你接起电话，我却不知道说什么，只是说了一句："发生了什么事？我有点担心你。"

回答我的是你的哭声。等到你稳定情绪后，我才知道，那个男生向你提出了分手。

你说："我为了他才来这个学校，这才两个月，他竟然劈腿了。"

我不知道如何安慰你，只是一直努力讲笑话逗你开心。直到你笑了，我才挂了电话，看一眼手机，上面显示我们通话两个小时。

那几天，我一直陪你聊天、逗你开心，你说："要是能有个大熊陪着我就好了。"

我听后找借口挂了电话。然后，立刻拨通了死党的电话，他和你同一所学校，我让他帮忙买个大熊送给你。

我的死党使出浑身解数才让宿管阿姨同意放他进女生宿舍。当你开门收到大熊的那一刻，你非常感动。陪伴是最长情的告白，我想如今我们分隔两地，我没办法伴你左右，这是我能给你的极致了。

那一晚，我鼓起勇气向你表白，你拒绝了。虽然我很伤心，但我相信只要我足够真诚，你一定会接纳我对你的爱。

12月16日是我的生日，这天我想送给自己一份生日礼物，这份礼物就是去见你。于是，买了火车票来到你的城市，见到你的时候我真的特别开心。

那天我再次向你表白，并做好了再次被你拒绝的准备，但没想到你居然接受了我！天知道我当时有多开心，于是我抱着你转了好几圈。

接下来，我们开始了两年的异地恋。

和你在一起后，我真的想和你一辈子不分开，那时候你就是我生命中最重要的人。在这场恋爱中，或许我唯一赢你的地方就是爱你，比你爱我要多得多。

和你在一起后，我真的特别想送你礼物，但是我每个月的生活费只有800元，经常捉襟见肘。于是，在没课的时候，我发了疯地去打工。我去大街上发过传单，去饭店端过盘子，去蛋糕房做过学徒，也去给孩子做过家教。不论什么职业，只要可以挣钱，再苦再累我都愿意去做。

自从我们在一起后，基本上每隔两周，我就会坐那趟火车去你的城市。从青岛到烟台，三个半小时的K8253绿皮火车，我不知坐了多少次。这趟列车，见证了我们之间的爱情，目睹了每一次我去见你的心情。

可我们还是没有逃过异地恋的束缚，我们也会吵架和冷战。许多误会明明可以当面说清，但还是受地域的限制被逐渐放大，就这样我们的恋情走到了尽头。

和你分开后，我就好像失去了灵魂，浑浑噩噩地过了半年。

从来不喝酒的我开始天天买醉，夜深人静的时候总会忍不住偷看你的空间，并常常看到泪流满面。

不知为什么，我总觉得我们之间还会有故事发生，可如今我们身处同一个城市，却再也没有见过面。

上个月我去烟台出差，特意去了你以前所在的大学，并重走了一下当年我们牵手走过的那段路。我还去了我们经常去的海边，那里有一对小情侣正在嬉戏打闹，这让我想到了曾经的我们。回忆像潮水般向我涌来，我的心再次痛了起来。

K8253列车真的停运了，我不敢想你，却总忍不住想你。

陈奕迅的《好久不见》应景地唱着：我多么想和你见一面，看看你最近改变，不再去说从前只是寒暄，对你说一句只是说一句，好久不见。

爱情很美好，但绝不是归宿

前几天在地铁上听到身边两个女生在讨论爱情，两个人聊得不亦乐乎。地铁上非常嘈杂，但我还是不小心听到了一句“谁让爱情是我们女生的归宿啊”。

听到这句话，我下意识地观察了一下她们，二十几岁的年纪，长得也挺漂亮。大概二十几岁的年纪，聊什么都会聊到爱情上吧。

在女孩心中，似乎爱情是美好的代名词，承载着她们对未来的所有美好幻想。但我真的想上前告诉她们，爱情很美好，但绝不是归宿。

我们需要爱情，但不能依赖爱情。任何时候，我们都不能把未来寄托在随时有可能消失的一种感情上。爱情是两个人之间的感情，这种感情充满了不确定性，就像这个世界充满了变化一样。

无论是男生还是女生，都需要爱情，但不能依赖爱情。这个世界上你唯一可以依赖的人是你自己。只有自己强大起来，你才能享受这个世界的美好。

有一句话是这样形容爱情的：所谓爱情，从来都是锦上添花，而不是雪中送炭。

曾经的我，不是很明白这句话，当时非常认可前半句，却对后半句产生了怀疑。那时的我一直觉得，如果相爱的人不能在你需要帮助的时候，及时来到你身边，那还要他干什么？越长大才越明白，正因为爱情太重要了，你才不能把它当成全部。因为，如果你把爱情当成了归宿，当你失去爱情的时候，就会失去整个世界。

我认识一个姑娘就因为把爱情看成了自己的归宿，才会在失去爱情后崩溃。这个姑娘是我邻居家的孩子，她通过相亲认识了对象，然后两人互有好感，家人也很满意，所以相识不到半年就结婚了。

姑娘觉得自己很幸运，找到了一辈子的依靠，认为自己是天下最幸福的人。后来，她怀孕后就辞职在家安心养胎，她经常幻想等孩子出生后，一家三口一起去公园，一起去坐旋转木马，一起去旅游的幸福场景。

可是，幸福来也匆匆，去也匆匆。怀孕三个月的时候，有一天，她在逛街时发现老公正搂着别的女生逛街。眼前的场景就像一个晴天霹雳，她的脑子一片空白，她不敢相信自己深爱的老公就这样出轨了。她也不知道自己是怎么回的家，脆弱的她承受不住这个打击，想到了自杀，于是吃下了半瓶安眠药。虽然她被及时送往医院保住了性命，但肚子里的孩子不在了。

后来，他们离婚了。离婚后这姑娘就变得痴痴傻傻，只知道自言自语和傻笑。

这个姑娘把爱情看得过重，把婚姻当成了她的全部，把自己的一辈子放在了那个男人的身上。这种观点本身就是错的。诚然她很爱她的老公，但爱情应当使彼此越来越好，而不是把自己一辈子的幸福交到别人手中。当爱情走到尽头时你就寻死觅活，这样的行为谁能受得了?

我们要有一个人可以过好生活的能力，这样才可以过好两个人的生活。爱情是锦上添花，它不是你的归宿。如果你一定要找一个归宿，那就是在爱情中，把自己变得越来越优秀。

在外面对你不好，怎能爱你一辈子

前几天晚饭后出去散步，看到一对情侣在拍照，画面挺美的。夕阳、情侣，还有一只小猫，一副岁月静好、世界都对你温柔的景象。

可是下一秒，这美好的景象就被不和谐的声音破坏了。

“你到底会不会摆姿势啊？”男孩冲女孩嚷道。

女孩委屈地换了一个姿势。

不料，男孩又不耐烦地吼道：“这样更不好看。”

男孩粗鲁的吼声，引得路人纷纷朝他们的方向看去。女孩的眼睛里噙着泪水，满脸都是尴尬和委屈，最后低头默默走了。

这样的举动换谁都会感到难堪吧，我当时的脑海里只有一句疑问：这样的男生怎么会有女朋友？

两个人在外面玩，拍照本来是一件有趣的事，某一瞬间的抓拍，就可能留下一辈子美好的回忆。可是，男生这样苛刻地指责，小则毁掉一段旅程，大则毁掉一段恋情。

类似的场景，我想很多人都遇到过。比如：两个人一起出去旅行，他指责你少带了件洗漱用品；两个人一起出去逛街，她抱怨你买的冰淇淋太贵；两个人一起出去吃饭，她抱怨你选的餐馆做饭难吃……

明明是一件很美好的事情，往往就被这样的指责和抱怨弄得很不开心。

两个人在家里可以随便吵闹，但在公众场合还是应该顾及对方的颜面，其实这也体现了一个人的修养。更何况，恋爱中的女孩子都是敏感脆弱的，一句不经意的话可能就会让她伤心，伤心次数多了，这段恋情可能就会走到尽头。

有一次和几个朋友一起出去吃火锅，遇见了一件很奇葩的事。

那天，我们正愉快地一边聊天，一边享受美食，忽然隔壁桌的那对情侣把这愉快的气氛破坏了。

他们刚进来时，就发出了几句争吵。坐下之后，男孩就一直板着脸，只是在点菜的时候和服务员讲了几句话，等菜来了就自顾自地吃，根本看都不看坐在对面的女孩。半小时后，他忽然对女孩冷冷地说："你爱吃不吃，我走了。"然后就丢下女孩，自己扬长而去。

女孩看着他远去的身影，眼泪慢慢溢出眼眶，随后泪水不停地滴在桌上。

我和朋友面面相觑，桌上的一个男性朋友说："无论闹什么矛盾，男孩子都不应该在公众场合把女孩子丢下。"

我们纷纷点头，无论有多么生气，都不应该这样把女孩子丢下，这是一个男人最起码的风度。

朋友米小姐有一次和男朋友逛街，两人因为一点小事吵了起来，于是米小姐就生气回家了。米小姐的男朋友担心她过马路出事，也担心她路上遇见流氓，就不动声色地跟在她后面。

米小姐走到最后一个路口才发现跟在自己身后的男朋友，她的男朋友见她发现了自己就慢慢地走过来，拉起她的手说："吵架太没意思了，都没法牵手送你回家，以后不和你吵架了。"

这才是闹矛盾后男人该有的态度啊。

别相信"我会爱你一辈子"这种鬼话，闹矛盾后他在外面都对你不好，又怎能爱你一辈子？

垃圾食品可以吃，垃圾恋爱就别谈了

我前段时间去参加了一个知名女作家的签售会，这个签售会持续了三个小时。

在签售之前，先是采访和读者互动。因为是个情感作家，所以读者的大部分问题都是和感情有关。如今我对她当初讲的话已忘了大半，但有一句我印象特别深刻。

女作家说：“我不知道你们有没有遇到过特别垃圾的人，谈过垃圾的恋爱，我有过。哪怕到现在，当打雷时，我都希望雷能把那个人劈死！”

一个女作家在公共场合说这话还是很需要勇气的。

这个女作家的前男友和她在一起的第三年，又和别人好上了，他不仅脚踏两条船，还拿着女作家的版税在外面养第三者。

有一天，他和第三者在外面逛街，被女作家的朋友看到，拍了照发给了女作家。于是，女作家就质问他，谁知他完全意识不到自己的错误，还说是那个女孩子勾引他。更过分的是，女作家提出分手后，他纠缠女作家并且还对她动粗。

他威胁女作家，如果分手他就杀死她的全家。不仅如此，他还整天在女作家门口吵闹，搞得整条街的住户都来围观。女作家的父母觉得很丢脸，让她和这个男人好好沟通，但当女作家提出和他交谈时，这个男人却张口就说："若分手也可以，除非你给我一笔钱。"

女作家那一刻觉得眼前的这个男人真的很陌生，这几年他只是把自己当成取款机吗？他对自己的感情都是假的吗？

女作家为此抑郁了很久，花了一年多才走出这个阴影。后来，她遇到了一个非常宠她爱她的男人。签售会那天，这个男人温柔地为她擦汗，给她递水时还贴心地为她拧开了瓶盖。

女作家说："千万不要和垃圾人谈恋爱，和这样的人谈恋爱不仅浪费青春，还给自己找不痛快。"

大学毕业后，小酒找了一份工作留在了这座城市，男朋友则回了老家。

刚开始两人还是像以前那样发信息，聊微信，后来次数逐渐减少。男朋友总是以很忙为借口不接电话，不回消息，小酒觉得男朋友认真工作是一件好事。谁知后来，小酒联系不上男朋友了，他的电话打不通，微信也没人回。

这可把小酒急坏了，她请假后按照以前男朋友告诉自己的地址，去他的家乡找他。见到男朋友的那一刻，她松了口气，他没有出事。

然而，男朋友的一句话让小酒如坠冰窟。

他冷漠地说："你怎么找到这儿来了，有什么事吗？"

她万万没想到自己坐了一夜的火车赶过来，等到的竟然是这句话。

小酒愣了好一会儿，才小声说道：“打你电话你不接，发你微信你也不回，也没看到你最近的动态，这不是担心你出事吗？”

“我能出什么事情，你是巴不得我出事吗？”男朋友绷着脸说，见小酒没有说话，又接着说，“你是真傻呢，还是装的啊，毕业季也是分手季，我们就这样不联系了，默认分手不是很好吗？我们处在不同的两个城市，还怎么谈恋爱啊。”

他说完这话转头就走，走了几步又回来了。小酒期盼着他会改变主意，谁知他看着小酒淡淡说道：“我们以后就别联系了。”

他这次真的扭头走了，而且不再回头。

小酒说直到那一刻，她才彻底看清那个人。

我一直觉得偶尔吃一次垃圾食品，真的没关系，但这样的垃圾恋爱，谈一次就既伤害身心又浪费时间，所以这类垃圾恋爱还是别谈了。

真正爱你的人，本能地会把你放在第一位，也会本能地怕你伤心难过。情话要说给懂的人听，愿意回应你的人才值得你付出所有的热情。

帮你介绍对象，就是在祸害别人

前段时间去房东家交房租，那天房东阿姨的儿子也在家。交完房租，房东阿姨顺口和我聊起准备给儿子找对象的事，她笑着对我说："身边有合适的姑娘记得介绍给我儿子啊。"

我随口问了一句："阿姨你儿子有什么要求吗？"

她笑着说了句："也没什么要求。"

可是，接下来那一大段话就让我大跌眼镜了。

她说："当然，人要漂亮点，温柔点，还要勤快点。对了，为下一代着想，身高要高点，不能低于163厘米。还有啊，她要对公公婆婆孝顺，最好爱干净，每天都自觉打扫卫生，婚后必须出去工作，花钱还不能大手大脚……"

这也叫没什么要求？那如果有要求还会怎样？我的大脑自动屏蔽了她接下来说的话。

我不由得去打量房东那个正在打游戏的儿子，看样子他的身高最多165厘米，年龄大概二十八，还是个妈宝男，因为他一直在附和妈妈的观点，从不会发表自己的意见。他是个啃老族，一直在家待业，我不知道他们哪来的自信，觉得自己的儿子能够找到条件这么好的女孩做媳妇。

出于礼貌，我问小房东："你还有啥补充的吗？"

小房东一边玩游戏，一边说："都听我妈的。"

都听妈妈的，如今有几个女孩听得了这句话？说出这样的话，说得好听些叫"孝顺"，其实这是最让女孩厌恶的妈宝男。

你是颜值高还是工作好？什么都没有的人还想找一个条件这么好的姑娘，真想说一句：帮你介绍对象就是在祸害别人。

前几天在网上看到一句话：你要是孤独终老就是全天下女孩子的福利。我觉得这句话用来说这类人还挺合适。

有时听到好多人对另一半提出这样或那样的要求时，我总是忍不住去想，这些人到底是家财万贯还是拥有倾世容颜？那些平凡至极的人对另一半还要求这么多，哪里来的自信啊？

爱情其实讲究的是缘分，我们没必要给自己的另一半设置那些条条框框，与其给别人提出那些连自己都做不到的要求，还不如把自己变得优秀。

那个当了备胎的男同学

大林和小沐是高中同学，但两人熟悉起来是从课外英语辅导班开始。

那天，大林像往常一样去上辅导班。整整一节课，他都觉得坐在前面的这个背影看起来有点熟悉，只是想不起来到底是谁。下课后小沐收拾书包时，才发现原来身后坐了一个同班同学。

“好巧。”两人同时开口说道。

他们回家时才发现两人居然住在相邻的小区。于是，从那之后，他们就一起去上辅导班，结束后再一起回家。

慢慢地，两个人熟悉起来，关系也越来越亲密。他们经常在天气晴朗的午后，一起骑着单车畅谈未来的梦想。有时小沐会带着自己的好闺蜜，大林也会带着自己的好兄弟，四个人一起嬉闹玩耍地穿过大街小巷，分享班里的趣事和彼此的心情。

高一的欢乐时光总是如此短暂，怀着一颗忐忑的心，他们迎来了文理分科的高二。

为什么说“忐忑”呢？因为大林想选文科，而小沐会选理科。

可是，当签文理分科意向的时候，大林选择了理科。老师对他说：“以你的成绩，还是选择文科比较好。”大林点点头说：“我知道，但我还是想选理科。”老师无奈地看了他一眼走了，大林心里说我喜欢的那个人选择了理科，我想追随她啊。

虽然大林追随小沐选择了理科，但是两人并没有分到同一个班。不过，他们还是可以一起吃饭，一起写作业，一起回家。

后来，很多人都传他们在谈恋爱。听到这个消息，大林就像秘密被人戳穿一样，既有点兴奋，又有点不安。大林发现流言传播不久，小沐就开始疏远他了，她不再和自己一起吃饭，一起写作业和一起回家了。每次去找她，她都找借口推辞，甚至有时干脆避而不见。

不知不觉中，他们就要毕业了。为了留下回忆，同学们都在彼此的校服上签下自己的名字。

大林的校服上已经被同学们写了密密麻麻的名字，但他一直保护着校服左上角胸口的位置。这个位置是他专门留给小沐的，他想让小沐把名字签在离心脏最近的地方。

毕业那一天，大林刷爆了饭卡，点了一大堆好吃的，还从书包里拿出两罐啤酒。借着酒劲，大林向小沐告白了。

小沐拒绝了，她说：“我只把你当朋友。”

这时，广播台响起了《同桌的你》。这是他们之前经常唱的一首歌，大林没有告诉小沐，这是他专门点的一首歌。

很快，大学就开学了。

他们开学的时间相同，但目的地却不同，小沐去了青岛，大林去了济南。

没有小沐陪伴的日子似乎有点难熬，大林终于盼到了六月份。六月是大林最喜欢的月份，因为小沐的生日就在六月，他盼着这一天盼了好久。

他想在这一天让小沐吃到自己亲手做的生日蛋糕，于是大林在那天带着亲手做的蛋糕坐火车去了青岛。那天青岛在下雨，大林打着伞护着那个蛋糕，自己被雨淋得瑟瑟发抖。

小沐很开心，也很感动，那一晚，大林再次鼓起勇气表白，可还是被小沐拒绝了。

王小波在《爱你就像爱生命》里写："我真的不知道怎么才能和你亲近起来，你好像是一个可望而不可即的目标，我捉摸不透，追你追不上，就坐下哭了起来。"

对于大林来说，小沐就是这样看得见却摸不着的存在，他喜欢她，想和她亲近，却知道，永远都有一道看不见的障碍卡在他们中间，他只能远远地看着她，知道她永远不会走过来。

大林知道小沐不喜欢他，可是他就是心甘情愿地对她好，哪怕他知道自己只是个备胎。

哪怕是今天，小沐已经有了男朋友，他还是想以朋友的身份对她好，他还是希望他喜欢了多年的女孩子，能够一直幸福下去。

宁可单身一辈子，也不要找个人凑合

“我宁可单一辈子，也不可能找个人凑合着过。”这是电影《东北往事之破马张飞》里的一句台词，却引发了很多人的共鸣。

前段时间，有个读者在后台给我发来一条消息，第一句就让我很震惊：我要结婚了，嫁给一个除了知道他名字之外，其他一无所知的人，然后度过漫长的一生。

有人因为爱情结婚，有人因为条件合适结婚，可他们既没有爱情又不合适，甚至带着满心的不甘去结婚，这是怎么想的？难道真的打算葬送自己的一辈子吗？即使隔着屏幕，我也听到了姑娘心碎的声音。

感情的事，说简单很简单，无非就是相爱就在一起，不爱就分开。可是，如果说复杂的话，它又很复杂，这其中很可能牵扯出爱恨情仇。

就在我思考该怎么回复的时候，她又给我发了一大段话，我整理了一下。

这个女孩和未婚夫是同一个村的，去年经人介绍认识，如今两人订婚八个月了。可是，女孩一点都不喜欢他。

订婚后，两人没有一起逛过一次街，甚至没有单独吃过一顿饭，更别提看一场电影了。

任何情侣之间会做的事，两人都没有做过。他不知道女孩的喜好，当然，女孩也不知道他的喜好。订婚后，两人通话的次数也屈指可数。大部分时候，女孩甚至会忘记，原来自己的生命里还有那么一个人，一个即将成为丈夫的人。

前段时间女孩和同事一起逛街的时候不小心摔伤了，她打电话告诉了未婚夫，可是直到同事的男朋友担心同事，打电话询问位置后过来接她，两人向她道别后牵手离去，未婚夫也没有过来。

女孩一直在等，两三个小时后，他还是没有来。最后，女孩的一个朋友把她送去的医院。从摔伤到痊愈，未婚夫只是打电话问她有没有好，其他一句话都没有，更不要说看望了。

女孩不是没有想过结束这段畸形的婚约。去年她打算向未婚夫提出解除婚约，但弟弟的一个电话打破了她的计划。

弟弟说："姐，妈妈说了，如果你去退婚，让她以后无法做人，她还不如死了算了！"

那个疼她爱她的妈妈以死相逼，这让她怎么办？最后，她只有妥协，带着不甘和无奈去拍了婚纱照。

妈妈一边说着以后你嫁给他不幸福怎么办，要不就别结了，一边又拼命地准备嫁妆，让她去接受他、了解他。

她的家乡在云南一个美丽的小乡村，那里的人观念传统，订婚后就不能退。现在，亲戚、朋友、邻居都知道，他们要结婚了，她这场婚姻躲不掉了。

她现在只希望时光能走慢点，再慢一点……

看完之后，我的心情很复杂，我不知道应该给她什么建议。我知道，所有的道理她都明白。

我一直认为，天下没有不爱自己孩子的父母，但这样以死逼迫自己的女儿嫁给一个根本不爱她的男人，这算是爱吗？如果这也是爱，那我宁愿你不要爱自己的女儿。

说到底，他们爱自己的面子多于爱自己的女儿吧。婚姻不是儿戏，今日为了面子让自己的女儿嫁给他，他日不知会有什么结果。

现在很多人很享受一个人自由自在的状态，可是身边人却无法接受你的单身，反而一再地为你介绍对象。很多时候，我们都在迁就别人，为他人而活。我觉得别的事情可以迁就满足别人，但在婚姻这件事情上，不应该向他人妥协。因为，婚姻关系到自己一辈子的幸福，选错了人很可能抱憾终生。

你一定要明白，世界上只有该结婚的感情，没有该结婚的年龄。你要的是幸福的生活，而不是那一纸证书。

《我们仨》教会我们如何爱

最近一段时间，每天吵醒我的不是闹钟，更不是梦想，而是邻居的吵架声。他们可以从早上九点吵到晚上六点，中间都不停歇。我无数次想去敲门制止他们，可听到那么激烈的争吵声又失去了敲门的勇气。

隔壁的两口子大概五十岁，有一个在沪江当老师的女儿。他们从搬来那天起就开始争吵，如今已吵了将近一个月。难道是一定要吵出个输赢吗？我想不通。我挺反感别人吵架的，他们的吵架声，让我心烦意乱。

我忍不住思考，难道婚姻真的是爱情的坟墓吗？

杨绛先生的《我们仨》告诉了我答案，让我明白了有一种爱情，会让两个人越来越好，会令婚姻不再那么乏味。

《我们仨》中有一个片段特别有趣，我看到的时候还发到了微博上。

杨绛在医院生小孩，钱钟书到医院探望杨绛，哭着说自己干了坏事。原来他打翻了墨水瓶，把桌布染上了色。

杨绛说："没关系，我会洗。"

钱钟书听后就放心地回去了，可是他又不小心把台灯砸了。

杨绛知道后说："没关系，我会修。"

不久，他又把门轴弄坏了，于是他又满面愁容地来告诉杨绛。

杨绛听后说："没关系，我会修。"

有没有觉得这一段很有趣？两个人之间的相处看起来和谐又有爱，这样的相处方式显得很可爱。

为什么用"可爱"这个词，因为换成脾气不太好的夫妻，遇到这样的事，估计会吵起来吧。

相比我家邻居不断传来的吵架声，钱钟书和杨绛的相处显得多么有爱啊。其实，夫妻二人相处很少因原则性的问题发生争执，总是因一些鸡毛蒜皮的小事争吵。

有的夫妻因为挤牙膏的方式不一样，就能扯到生活方式不合，没法在一起。

有的夫妻因为吃饭口味不一样，就扬言不适合一起生活。

有的夫妻因为对方没有及时接听电话，就疑神疑鬼……

婚前谈恋爱时这些都不是问题，怎么婚后反倒都成不能容忍的问题了呢？两人相处难免会发生一些矛盾，如果真的相爱，多给对方一些包容，少一些争执。

《我们仨》中还有一段关于他们做饭的描写，特别生动有趣。杨绛说，他们做一次活虾，简直就是厨房里的一场兵荒马乱。

杨绛和钱钟书在外留学的时候，有一次想吃虾。

她说："虾，我懂的，得剪掉胡须和脚。"

结果，她刚剪了一刀，虾就在她的手里抽搐，她吓得赶紧扔掉剪刀和虾，逃出厨房。

钱钟书问她怎么了，她说："虾，我一剪，痛得抽抽了，以后咱不吃了吧。"钱钟书和她讲道理，说虾不会痛，该吃还是要吃的，以后他来剪。

他们二人在一起，连做饭都是那么有趣又有爱。

婚姻从来不是爱情的坟墓，遇对了人，学会了如何爱，婚姻就可以成为爱情的港湾。

很多人都说，和有趣的人在一起日子才不会那么无聊。可是，什么样的人才是有趣的人呢？大概就是遇到合适的人，你们在一起的每分每秒都很欢乐，这样的人就可称为有趣吧。我觉得天生有趣的人很少，但两个人一起不会厌烦，可以把日子过得有滋有味，遇到这样的伴侣我觉得可以考虑共度一生了。

PART 8

宁缺毋滥，即使单身也不能放弃认真过

好多人一边不相信爱情，却又一边向往爱情。可是不相信爱情，爱情又怎么会找到你呢？假若你现在还是单身，那么请你不要着急，更不要将就，因为能把单身生活过好的人，才能经营好将来的婚姻生活。

如果连婚姻都要将就，那要爱情干什么

大学毕业后，身边越来越多的人走入了婚姻的殿堂，倘若你问他们为什么结婚，那接下来你可能听到各种各样的回答。

“因为到了该结婚的年龄了。”

“父母催得紧，再不结婚都不让我回家了。”

“看着身边的朋友们都结婚了，我也不想再一个人单着了。”

……

可是，我们最应该听到的难道不是“因为相爱所以结婚”吗?

去年年末，公司的一个男同事给我们发喜糖，我们除了惊喜，更多的是惊吓。这个男同事在三个月前还是一名单身人士，没想到这么快就结婚了。于是，同事们还没放下手中的喜糖，就开始八卦起来。

“恭喜啊，你这结婚的速度够快啊，保密工作做得忒好了吧！你们什么时候谈的啊？嫂子长什么样啊？快给我们看照

片！”公司里一个女同事连珠炮似的发问。

“是啊，是啊。给我们讲讲你和嫂子的恋爱史吧！”其他人也开始起哄。

男同事脸上并没有流露出新婚该有的甜蜜，他扶了一下眼镜说：“哪有什么恋爱史给你们讲，还不是因为我爸妈逼我，我才结婚的。我老婆是他们三个月前给我介绍的，我想着自己三十岁了，的确到了结婚的年纪，既然他们都很满意，那我就遵从他们的心愿。我觉得结婚未尝不是一件好事，婚后我就不用整天听他们的唠叨了，也不用晚上下班后急匆匆赶去参加他们给我安排的相亲饭局了。”

“这么说，你们从认识到结婚只有三个月啊！那你们有爱情吗，你爱她吗？”

“我这个年纪，你和我说爱情，连我自己都不相信。差不多就好，和谁过不是过啊，将就过呗。”

就是这个将就的婚姻，在上个月彻底结束了。

男同事在朋友圈写道：“没有爱情，只能将就的婚姻根本维持不下去。以后，我愿意等那个给我爱情的人。”

他们结婚以后，总是因为一些鸡毛蒜皮的小事儿吵架，最后连吵架也懒得吵了，两人都迫不及待地想结束这段没有爱情的婚姻。

没有爱情的婚姻就像空气中缺少氧气，人会感到窒息。这样的婚姻或许能维持一年、十年或者二十年，可是这样的婚姻失去了婚姻该有的幸福模样。

那个男同事结婚后一直过得不开心，工作上也经常出错，本该晋升经理的他就因为这段将就的婚姻搞得身心俱疲，领导权衡再三只能放弃他。

单身不过寂寞，可是将就却是折磨啊。

谢娜在《快乐大本营》上说过，她嫁给张杰，是因为爱他，想和他过一辈子，而不是因为其他原因。

我觉得这才是婚姻的理想状态，婚姻本应该这么水到渠成。可是如今，很多人的婚姻是出于各种目的，比如“年龄大了”“为了孝顺父母”“不想单身”……如此单纯的结婚目的越来越少，爱情似乎成了婚姻中的奢侈品。

上周好友微信上发来消息，她准备和未婚夫在今年十二月，也就是他们恋爱三周年的日子登记结婚。

“年底很忙啊，为什么选在那个时候结婚啊？”我问道。

“没有想过为什么，就是很相爱啊，就结婚啦。”她自然地回答。

他们的恋情终于修成正果，我真为他们开心，这才是结婚最该有的状态啊。

刘若英说：“相信爱情的人，迟早会和爱情相遇。”

她在书中提到，在她三十几岁的时候特别想结婚，但是过了三十五岁，反而不急了。在等待对的人到来之前，她只管努力过好自己的单身生活。正因为她这种淡然洒脱的生活态度，才让她终于等到了如今这个深爱她的丈夫，过上了幸福美满的婚姻生活。

“如果余生是你，迟一点也没有关系。”我觉得这句话适合所有的人。

在这个浮躁的时代，爱情就像是一件奢侈品，可只要你愿意花时间和精力找适合自己的人，并和这个人用心经营这份感情，总有一天，你也会拥有这件奢侈品。

单身只是一个人的寂寞，而将就的婚姻却会折磨两个人，甚至更多。草率地开始一段将就的婚姻，最后可能会害人害己。

爱情没有到来，真爱没有出现，与其开始一段将就的婚姻，还不如努力提升自己，过好自己的单身生活呢。

好多人一边不相信爱情，却又一边向往爱情。可是不相信爱情，爱情又怎么会找到你呢？假若你现在还是单身，那么请你不要着急，更不要将就，因为能把单身生活过好的人，才能经营好将来的婚姻生活。希望我们的婚姻都能以爱情为基础。

如果认真喜欢，千万不要错过

在小G的生日上，赵肥以一首周传雄《冬天的秘密》把埋藏在内心的秘密唱了出来，在场的人都流下了感动的泪水。也是那天晚上，赵肥和小G两个人的关系从友谊上升到了爱情。

Z和赵肥是大学同学，还是好哥们。那时，他们一起参加羽毛球社团，认识了小G，三个人很快成了好朋友。不久，Z告诉赵肥他和小G在一起了。

当时赵肥就蒙了，因为他也喜欢小G，原本打算在七夕那天向小G表白的，没想到Z先了他一步。这就是计划赶不上变化，感情的事还真是分先来后到的。遇到对的人还是要赶快表白，否则错过就空留遗憾了。

虽然之前三个人关系不错，也经常一起吃饭看电影。可是，从Z和小G在一起的那天起，赵肥就开始刻意回避他们，他做不到祝福，但也绝不打扰。

在同一个社团，即使再刻意回避，还是难免会碰面。每一次遇见他们二人，赵肥既开心又难过，开心的是见到了心爱的女孩，难过的是自己心爱的女孩成了兄弟的女朋友。

赵肥心想Z是个不错的男生，小G和他一起幸福就好，自己默默祝福他们吧。可谁知他们的恋情还没持续两个月，Z就移情别恋，甩了小G。赵肥看着小G难过就心如刀割，他懊悔自己为什么拖着不早点表白，也恨自己为什么那么相信Z会给小G幸福，他忍不住去给小G出气。赵肥刚找到Z就狠狠地打了他一拳，责问他为什么抛弃小G，Z擦了擦嘴角的血，郁闷地说："因为我不喜欢她了啊。"

小G刚和Z分手的那段日子心情低落，赵肥作为好朋友一直陪着她。小G想打羽毛球了，他就陪着她一起打；小G想跑步了，他就陪着一起跑；小G想吃夜宵了，他就赶紧去给她买……

赵肥在这段时间里，只是默默地陪伴小G，从没有做出越轨的举动，也没有说过暧昧的话，他虽然喜欢小G，可是不想乘虚而入，也不想把三个人的关系搞得尴尬。

可是爱情来了，谁又能逃过呢？就算他拼命掩藏内心对小G的爱，那炙热的目光还是会把他的爱意暴露无遗。

赵肥默默守护小G已有一段时间，转眼间小G的生日到了。这天小G邀请了几个好朋友唱卡拉OK，其中包括赵肥。赵肥自认为对小G的爱意掩藏得很好，殊不知，身边的人早已察觉，只是没有点破而已。

在KTV里，大家有的忙着点歌，有的忙着唱歌，只有赵肥默默地坐在一边不停喝酒。见此情景，有人撺掇他唱歌，众人纷纷附和，拗不过大家的热情，他唱了一首周传雄的《冬天的秘密》。

最近赵肥很喜欢听这首歌，他觉得这首歌的歌词很好地表达了自己的心情，就好像专门为他写的一样。

爱你我不能说看你们拥抱甜蜜，谈笑自若忍受逾期的伤心

如果我说我真的爱你，谁来收拾那些被破坏的友谊

如果我忍住这个秘密，温暖冬天就会遥遥而无期

如果我说我必须爱你，答应给你比友谊更完整的心

…………

在黑暗的KTV包间里，赵肥带着一点哭腔把这首歌唱完。小G听着这首歌，脑子里不断回忆着这一段时间二人的相处画面，不禁流下了两行热泪。赵肥对她的心意，小G并不是没有察觉，她对赵肥也并不是毫无爱意，可是她是Z的前女友，她觉得如果自己和赵肥在一起会影响赵肥和Z的关系。

在场的人一听就知道这首歌是赵肥对小G唱的。一曲唱完，满室安静。大家看着赵肥和小G对视，屏幕开始回放这首歌，见二人迟迟没有下一步动作，大家不禁开始呼喊“在一起”。

赵肥擦了一下泪水，鼓足勇气抱住了小G，小G也扬起笑脸伸手搂住了赵肥的腰。

那天晚上，两个人的关系从友谊上升到了爱情。

爱情是挡不住的，在它来的那一刻，我们要紧紧地抓住。谁知道下一秒会发生什么呢？所以如果互相喜欢，千万不要错过。

不要活在回忆里，对自己的现在负责

叶子姑娘高中时喜欢上了班里一个男生，那个男生也喜欢她，但是两个人从来没有交往过，甚至没有当面表明心迹。两个人就那样彼此单纯地喜欢和欣赏着。

关系比较近的同学都以为毕业后他们会在一起，因为他们看彼此的眼神是不一样的，那种爱意怎么都藏不住。然而，高中毕业后，叶子和那个男生各自在不同的城市读大学，之后两人都没有再联系对方。

后来，叶子姑娘有了男朋友，那个男生也有了女朋友。关于对方的消息，他们都是从共同的朋友那里得知的。

在叶子的记忆中，他似乎是完美的，然而正因为没有在一起过，叶子才会觉得他那般美好，因为适当的距离确实可以产生美。

有时我们会因这样或那样的原因没有和喜欢的人走到一起，我们会感到遗憾，有时还会感叹：要是我和他在一起该多好啊。

其实，我们完全可以换一个角度去看待这件事，正是因为当初没有和他在一起，他才可以在我们心中一直保持完美的姿态。如果当初在一起了，他的一些缺点就会暴露在你的面前，他完美的样子也会荡然无存。

叶子对我说，高中的时候由于社交圈子很小，她看到这个心仪的男生就觉得如果错过他，这辈子都不会再遇到像他这样青春阳光的翩翩少年了。

男生阳光干净，喜欢打篮球还成绩好，并且会偷偷地在叶子的桌子里放她喜欢的果汁和零食。

有一次，叶子姑娘说放学回家的路上，感觉身后有人一直在尾随她，男生知道这件事后，每天放学后都会跟在叶子姑娘后面，直到她到达小区楼下。

叶子说，即使有了现在的男朋友，她还会经常梦到他，每次醒后还是会有失落感。她总是想，如果当初和他在一起，会不会就是另一种结局。

时间是个奇妙的东西，前段时间男生来上海出差，大家一起聚餐。

叶子得到消息后激动不已，她设想见面后会不会尴尬和冷场，没想到见面后，他们就像相知多年的好友一样正常聊天，完全没有拘束的感觉。她看着他发福的身材，叮嘱他抽空要健身，而那个男生告诉叶子与男友相处要注意的一些事项。

这一场相聚完全没有出现想象中的尴尬场景，有的只是时隔多年老友重逢之后难掩的激动之情。

叶子说，记忆中的那个他是完美的，见面之后当初心动的感觉却早已消失，但过去的喜欢还是真实存在着，想起来依然让她感到温暖。在彼此缺失的这么多年里，他们早已成为熟悉的陌生人。

我们可能都曾钟情于某人却又没和那个人走到一起，可能在很长的一段时间里，你都会觉得这是一种遗憾。在以后的时光里，也许我们会经常梦到那个人，甚至走在大街上的时候，也能恍惚看到那个人的背影，想念却又不见。似乎记忆里的那个人，总是那么美好而又特别。

可是你知道吗？正因为没有在一起，你才会觉得那个人如此完美。如若在一起了，年少时的美好非常有可能不复存在。

想象一下，如果当初在一起却又分开了，是不是打破了你曾经的所有美好幻想，是不是更让你伤感呢？

所以没有在一起，并不需要一直惋惜，也不需要一直活在过去的回忆里。

很久很久以后，我们才知道，念念不忘的只是记忆中的那个人，珍惜当下，不要活在回忆里，是对现任也是对自己最大的负责。

认真对待感情，认真对待自己

接到思璐的电话，已经是深夜十二点了，我揉了揉眼睛，强迫自己清醒一点。

“怎么这么晚还没睡啊？”我接通电话后问道。

回应我的是思璐的哭声，这么晚哭着给我打电话，我真担心她出了什么事。于是，我赶紧披上衣服坐起来。闺蜜之间就是对方不开心，自己就会跟着难受和心疼。

“这是怎么了，是哪个王八蛋欺负你了？你告诉我，我去帮你出气。”我焦急地问道。

她没有回答我，还是一直哭。等她好不容易稳定了情绪，我才知道原来是她一直深爱的学长有女朋友了。

大二的时候，思璐因为参加一场辩论赛认识了学长，几次接触下来，就对他有了好感。

学长很优秀，许多女生都暗恋他。思璐条件不差，可她总觉得自己不够漂亮，成绩不够好。可能喜欢一个人，有时候真的会让人卑微到尘埃里。

为了能和学长多见面，她会参加学长报名的所有活动，有时候学长在活动上注意到她，过来找她说句话，哪怕只说一句，她都会为此高兴一整晚。

思璐以前喜欢待在宿舍，当她知道学长喜欢去图书馆时，她会早上六点就起床去图书馆占一个抬头就可以看见学长的位置。

很快学长要毕业了，那个时候我一直鼓励她表白。我觉得喜欢一个人就要让他知道，这样也算是不辜负自己。

毕业典礼那天思璐对学长表白了，她为了给学长留下一个美好的回忆，特意把自己打扮得漂漂亮亮的，然而学长拒绝了她。

学长拒绝的理由是：现在不想谈恋爱，等你毕业了再说吧。

思璐把这个拒绝理由转述给我的时候，我就知道思璐没戏了，学长并不喜欢她。然而，思璐却把这个理由解读为：他不想耽误我学习。

我不喜欢这个学长，甚至有点讨厌他，因为他明明不喜欢思璐却偏偏说得不清不楚，明明不喜欢思璐却在自己毕业后还经常找她聊天。给人希望却并没有打算为这场希望埋单，爱情里最忌讳这样暧昧的举动。不喜欢就不要给这个人任何接近自己的机会，这是对这个人最大的尊重。

当局者迷，旁观者清。身为局外人，我可以看得很清楚，但思璐一直以为自己毕业了就可以当他的女朋友了。可是毕业后，他们仍然没有在一起。

思璐毕业后的这两年，他们的关系一直没有进展，思璐也一直没有放弃。直到昨天晚上，学长告诉思璐：“我已经有女朋友了，你不要老给我发消息了。”

她在电话里哭着对我说：“从头到尾都只是我在演独角戏，孤孤单单，没有结局。”

我不知如何安慰她，但一厢情愿就得愿赌服输。

好友石头给我讲过一段他自己的故事，他曾经喜欢一个女生长达三年之久。

高一的时候，他喜欢上了班里一个女生，那个时候，他觉得她是天下最美的女生。那个时候还没有流行“女神”这个词，在当时她应该就是他的女神了。

上课时石头总是因为看她看得出神，发呆傻笑被老师罚站。喜欢一个人后，大概都会不分时间地点发出傻笑吧。

轮到这个女生值日的时候，他会为了送她回家而故意晚走，即使这个女生家和他家在完全不同的两个方向。喜欢一个人，真的是东西南北都顺路。

石头喜欢打篮球，每当那个女生去篮球场看比赛的时候，他都会发挥得特别好。在喜欢的人面前，每个人都想要表现得更好一些。

我问石头：“那个女生知道你喜欢她吗？”

石头说：“她怎么会不知道？可是，即使我每天都送她回家，还在知道她喜欢吃大白兔奶糖后，就经常在她的文具盒里放几颗大白兔奶糖，她也没有多看我一眼。”

石头说：“那个时候，我就明白，爱情是两个人的事，一厢情愿到最后只是个笑话。”

记得看《最好的我们》的时候，最令我感动的不是耿耿、余淮之间的你侬我侬，让我感触最深的反而是简单对韩旭的喜欢。从幼儿园时期到高中，简单陪着韩旭吃饭、读书，陪着韩旭做一切他想做的事，到最后，韩旭却并没有喜欢上她。

简单说："一厢情愿就得愿赌服输。"这句话很无情，却很有道理。

一厢情愿只是一个人的独角戏，没有配乐，没有其他人，一个人自演自导了整部戏，却无法知道结局。

可能我们都经历过一厢情愿，可能我们最后都感动了自己。没关系，经历过一厢情愿才更懂得两情相悦有多么美好和珍贵。

想把你舍不得买的东西都捧给你，是因为我在认真爱你

前几天，一个朋友在群里说，这个月是她和男友在一起七周年的日子，因此想要买个礼物送男友，可就是不知道送什么。我们争相为其出谋划策。

“钱包？”

“去年送过了。”

“手表？”

“你看，我们现在戴的就是情侣表。”

…………

说了好几样，都被她否定了。

“那最近，你男朋友有没有特别想要却又没买的东西啊。”

她想了想说：“其实，我心里有特别想买的物品，我相信他收到了也会特别喜欢。”

“别卖关子了，是什么啊？”

“他从来没用过苹果手机，今年也是我们在一起七周年，我想给他买个最新系列的iPhone7。七周年和iPhone7很配，只是太贵了，所以我迟迟不舍得下单。”

哇，七周年配上iPhone7，正在我们赞她是中国好女友的时候，群里有个人说："你可别买，上周我女朋友给我买了件300元的毛衣，我一点都不开心，然后就和她分手了。"

众人不能理解，为什么女朋友送了这么暖心的礼物，他却选择分手。

他说："她也不提前问我就给我送这样的礼物，虽然礼物是心意，但是我并不开心。我平时买的毛衣都是60元左右的，她一送就送这么贵的，一件毛衣而已，有必要买这么贵吗？她太不会过日子了，不分手留着过年吗？"

众人的下巴都要惊掉了，我也以为是自己看错了，竟然因为一件300元的毛衣就认为女孩不会过日子？

这个男生很少在群里说话，我们都没有注意过他，他是被另外一个朋友拉进来的。现在，他的这番言论成功地引起了大家的注意。

那个女孩怎么会遇到这样奇葩的男生啊，分开真是太对了。像这样的男朋友，哪个女孩选择和他在一起都是自找苦吃吧。

就在我们惊讶的时候，那个男生又敲出一句："还不如送我十双袜子呢，这样实在的礼物才是我喜欢的。"

大家都没有理会他，依旧鼓励那个女生送手机给她的男朋友，这样一件有意义的七周年礼物，男朋友收到后肯定会感动的。虽然这礼物有点贵，但是可以选择分期付款，况且手机可以用好久啊。

那个男生见大家没有理他，就又发了一句话："我劝你先问问你的男朋友到底需不需要这个，免得到时候，收到礼物时惊喜变成惊吓。"

这个男生总算说了一句中肯的话，旁敲侧击问一下，的确是个好主意。

这时那个女生说："我确定他会非常喜欢这个礼物，他一直不买其实就是为了省钱。每当我吐槽他的手机卡得要死的时候，我都能从他眼中看出他非常羡慕我的苹果手机。可是，他为了尽快买房和我结婚，总是节衣缩食，就连手机都舍不得换。我想，如果我在七周年纪念日送这个礼物给他，他会非常开心。"

恋爱七年了，两人还如此甜蜜，真是羡煞旁人。

大家的焦点又转移到了那个男生身上，因为他一直发着摇头的表情。

真是林子大了，啥鸟都有。这世界有许多人因为对方不送礼物而分手，竟然还有这种因为对方送的礼物价格"过高"而分手的，而且还是如此有心意的礼物。

最近天气逐渐变冷，那个男生的前女友送给他一件毛衣，原本是一件多么浪漫和有爱的礼物啊，男生竟然把这份礼物理解为浪费。

连一件300元价位的毛衣都接受不了，我觉得这样的男生不能接受你送他贵的礼物，同样更不会送贵一点的礼物给你。

虽说礼物不能以金钱来衡量，但一个舍不得为你花钱的男生一定不能嫁，因为这样的男生根本不会带你享受生活，更不会去想努力奋斗为你提供幸福生活。

群里的其他人忍不住问这个男生，有没有带女朋友出去吃吃饭，逛逛街，顺便给女朋友买买鞋子、包包、口红等物品，他的回答再一次震惊了我们。

他说："我和前女友是异地恋，也就见面时请她吃顿饭，但是一般会控制在百元内。生活不就是这样吗，我找老婆一定要找会过日子的。至于包和口红，我不太理解为什么女生总喜欢讨论它们，这些东西又不是生活必需品。反正，我是不会送这些给女朋友的，我也不会同意女朋友买超过300元的包，即使是她自己赚的钱也不可以。”

群里的众人再次被他的言论惊呆了。

我想没有几个女生不喜欢买漂亮的包包吧，虽然我们不一定会买贵的包包，可是如果自己花钱买一个超过300元的包包，男朋友都要干预，这就让人难以接受了。

自己舍不得送女朋友贵重的物品，还阻止女朋友自己买，这么会过日子，你干脆自己一个人过吧。

正当的物质追求，可以促进一个人努力奋斗；一个人如果真的无欲无求，也就失去了奋斗的动力。我觉得一个男生如果真爱自己的女友，对女友不过分的物质要求是不忍拒绝的，他只会更加努力赚钱来满足女友的需求，而不是嫌弃女友败家。说实话，我很庆幸他的前女友终于摆脱了他这个人，从此以后她可以随心所欲买自己喜欢的物品，再不会为买一件自己喜欢的物品而和他发生争吵。

群里的那个女生最终给男友买了iPhone7，她的男友收到礼物的时候，激动地抱着她转了好几圈。

这个世界上，其实好多人对自己挺吝啬的，当有一天，你遇到了那个对你比对自己还好的人时，你大概就遇到爱情了。

当你很爱一个人时，就是想为他买下一切他舍不得买的东西吧。

好好在一起，幸福是需要认真经营的

珊珊是一个性格很好的女孩，男友脾气也不错，可是两个人在一起时间久了，难免会发生争执。

那天珊珊感冒了，她给男朋友发了消息，本想得到男朋友的关心，谁知男朋友一直没回她消息，半天过去了，男朋友才来找她。

珊珊气冲冲地说："你现在心里眼里都只有工作，你说说，我们多久没一起逛街、看电影和吃饭了？"

"我努力工作还不是为了我们的将来吗？"

"可是我生病的时候，你就不能关心我一下吗？我需要你的时候你都不在，那我还要你干吗，你走吧！"珊珊听到男友的辩解，气得眼泪都出来了。

"那个时候太忙了，没时间回你的消息，这不下班后马上就来找你了吗？"男友扬了扬手中的药和粥，委屈地说，"我特意给你买了你喜欢的粥，还去药店买了药。这样还不行吗？小祖宗，你还要我怎样？你说！"

珊珊其实没想和男朋友分手，她只是觉得在自己生病的时候他都不关心自己，不够体贴，这让她觉得很委屈。看到男友手中的药和粥，又看到男友委屈的表情，珊珊破涕为笑了。

男友看到珊珊露出笑脸，连忙放下手中的物品，做了认真的检讨。他承诺以后一定会努力平衡好工作和生活的时间，多关心珊珊。

吵架有时候也是一种有效的沟通途径，但一吵架就闹分手却很伤感情，我们要学着控制自己的脾气和对方好好沟通，这样才可以更好地解决事情。

晓月在今年年初的时候和男友海峰领证结婚了，不过直到前段时间才拍了婚纱照。

那天，他们开开心心地去店里取婚纱照，可是过程并不愉快。

到了店里，服务员向他们推荐了一个600元的相框，用来放他们的主婚纱照。晓月觉得挺合适的，就对服务员说："那就要一个。"

这时，她的老公很生气地指责她："怎么别人推荐什么你就买什么？这么贵的相框，一点也不划算。"

服务员见此情形尴尬地走开了。

晓月一见这种情景，也臭着脸说："你能不能在外人面前给我点面子？"

"不要别人推销什么你都买，这个相框明明不值600元。"

…………

明明是很开心地去取婚纱照，结果回来的时候谁都绷着脸。

但总归要有一个人先让步吧，争吵肯定不是一个人的错。

他们之间有一个争吵后轮流道歉的协议，也就是说如果这次海峰先道歉，下一次晓月就主动道歉。

你别说，这份协议对两人还真有用。

这次轮到海峰了，海峰说："对不起，我以后在外人面前一定给你面子。"

晓月也低下头说："我也有错，我们刚买房，压力挺大的，我不应该冲动消费。"

爱情就是这样，相互理解才能保鲜，吵架不是一个人的错，先低头的往往不是过错很大的那方，而是更在乎对方的那个人。

晓月那天曾想过：结婚证是不是领得太早了？可是后来她告诉我，吵架时千万不要想这些，因为冷静下来后，自己还是想和这个人过一辈子。

因此，千万别在吵架的时候闹分手。

在爱情里，沟通才是解决矛盾的有效方式。吵架也是沟通的一种方式，虽然这种方式有些粗暴，但人往往会在这时把自己的情绪宣泄出来。吵架和冷战相比，吵架还是存在挽回感情的概率的，当对方和你开始无休无止的冷战，那你们的感情也就岌岌可危了。

每一对情侣都是从相识到相知，再由相知到相爱的，因为爱情才使两人由陌生人变为关系亲密的情侣。

这种情感很难得，两人在一起是一种缘分，因此别在吵架的时候想分手，冷静下来后，你会发现你还是想和眼前这个人过一辈子。

幸福，也需要你主动争取

恋爱中，总会有一方比另一方更主动一点，但倘若有一方一点都不主动，那这样的感情势必会以失败而告终。

小沫和阿翔都是我的大学同学，大二时两个人成了男女朋友，原本以为他们会修成正果，谁知两人却在上周末的时候分手了。

小沫打电话向我哭诉她和阿翔分手了，说完这句电话里就只剩下她的哭泣声，我很担心她，于是主动提出去她家陪她一晚。

我拿着包打了一辆出租车，上车后就急忙给阿翔打了电话。

电话刚接通，我就劈头盖脸地责备阿翔："听说你们闹分手，有什么矛盾不能好好说啊？你一个男孩子，应该主动些啊。"

阿翔低沉沙哑的声音传来："你知道了啊，那你帮我安慰她一下，我们是真的分手了。"

听到阿翔说这句话的语气，我的心一沉，我知道他们的感情可能无法挽回了，可我还是不死心地询问："到底是因为什么事，你们之间闹了什么矛盾啊？小沫的性格那么好，人又温柔，怎么……"

"对啊，她性格好、脾气好，什么都好，哪怕我和她分手了，我满脑子里也是她的好。可是，她就有一条不好，她太不主动了。我们在一起时间越久，我越感到心累，终究还是走不下去了。"

当阿翔提到他们分手的主要原因时，我突然明白了，他们感情的天平倾斜得太严重了，他感到累了。

阿翔和小沫交往了五年，这五年，他们虽然谈不上轰轰烈烈，却也是细水长流。我曾经以为他们会在这两年步入婚姻的殿堂，谁知却以分手收场。

阿翔是个程序员，经常加班，尤其在项目将要上线的时候，通宵加班对他来说是家常便饭。

上周阿翔负责的一个项目将要上线，他忙得焦头烂额，一连好几天都没有好好休息，本想给小沫报备一下自己太忙了，这几天不能陪她，但忙着忙着就忘了。

终于到了周末，阿翔在家昏睡到下午，他醒来的第一件事就是查看手机。他本以为小沫会打来电话，可他发现竟然一个未接电话都没有。他不甘心，连忙打开微信，可是小沫也没发来任何消息。那一刻，他的心里有说不出的难过。

好好睡个觉，可以消除身体上的疲惫，可醒来后心里的难过却瞬间将他击垮。自己忙成这样还担心着她，可是她竟然没有联系自己，这表示她丝毫不在乎自己啊。

阿翔对我说："恋爱中的情侣，你见过有好几天都不联系的吗？一天一个电话哪怕是条消息也可以啊，我以前每天都会给她打电话发微信，还不是因为我想她了。可是这几天，我累到没有精力给她打电话，她竟然也没有找我。我需要的是一个在乎我、会对我好的女朋友，不是一个需要我一直主动示好的人啊。"

我不知道如何安慰阿翔，因为我也像他一样体会过小沫的不主动。

我和小沫是非常好的闺蜜，但我们的关系基本上是我一直在维持，她很少主动找我聊天，我曾经也怀疑她有没有把我当成闺蜜。

有一次，我半开玩笑地问她："你为什么从不找我啊？我觉得如果我不联系你，大概我们就再也不会联系了吧。"

小沫说："我就是这样的性格啊，一般都是别人约我。"

"就是这样的性格啊"，这句话仿佛可以解释为她就是被动的性格，可是这句话让听到的人并不开心。

我曾经也因为小沫从不主动找我，而故意不给她打电话，导致以前每周必聚的我们，那段时间竟然隔了两个月都没有一起逛街和吃饭，最后还是我沉不住气去找她了。

我问她："你难道不奇怪我为什么好久不联系你吗？"

小沫说："应该是太忙了吧。"

那一刻我很伤心，可还是舍不得这份友谊，于是我安慰自己，她就是这样的性格。那时我还在想是不是自己太小气了，才会计较这些。可是没想到，阿翔和小沫分手的原因竟是这个。

出租车很快到了小沫家楼下，我焦急地敲响了她家的门。她满脸泪痕地为我开门，我看着她红肿的双眼和被纸巾堆满的垃圾桶，不禁心疼地抱住她。

我不知如何安慰小沫，只好旁敲侧击地问道："你知道阿翔为什么要和你分手吗？"

小沫擦了擦眼泪，哽咽道："他说是因为我从来不主动，可是我就是这样的性格啊，不联系他不代表我不爱他啊。"

看来她知道是自己的原因，可是她这样的性格真的会让爱她的人很受伤。我觉得爱一个人，主动一点又何妨！

无论是爱情还是友情，都需要对另一方做出回应，如果你一直依赖别人主动联系你，长此以往，谁都会失去耐心。不要老是拿性格说事，在爱的人面前，主动一点又有什么损失呢？爱一个人，就主动一些让对方知道吧！

主动，只是很好地表达了对对方的思念，这种坦白的表露会让双方都开心。恋爱时，就应当总是忍不住想见到对方，想和对方交谈，在说了晚安之后还是忍不住多聊几句。

有时候，情侣不能结为夫妻，除了性格不合，更多的是因为感受不到对方的关心，因此爱一个人就要勇敢地表露出来。主动一些，让对方感受到你浓浓的爱意吧！

认真活出自我，再考虑爱情和婚姻

上周末，和好友小米出去喝下午茶，我问了一句：“小米，你现在有什么特别想做的事情吗？”

“有啊，一直想赶紧找个男朋友结婚呢，可是总是遇人不淑。”

小米和前男友分手不到三个月，没想到这么快就从失恋的阴影中走出来了。

“但是你这还没男朋友呢，就想结婚，是不是太早了。”

“一点也不早，我真的特别想结婚。组建一个自己的小家庭，有个疼爱自己的老公，将来生一个可爱的宝宝，这是多么幸福的事情啊。”

小米在说这些话的时候眼睛亮亮的，不可否认她描述的情景的确很美好，可同是“90后”的我，却觉得我们不该如此恨嫁。在二十多岁的年纪，就算没有男朋友，又有什么关系？我们自己就可以做很多提升幸福指数的事情，何必这么着急找他人给予。

爱情可能会姗姗来迟，但绝不会缺席。太急的后果是自己可能还没考虑好，慌乱中答应了交往，到最后却发现和自己期望的爱情相差太多，以至于白白浪费了青春。

“你为什么这么想嫁人啊？”我不解地问道。

小米说：“可能是因为身边的很多朋友都成双成对的，看得我想谈恋爱，想结婚。”

原来她只是受了周围人的刺激，其实一个人也可以活得很精彩。生活的乐趣不一定非要伴侣才能带给你，在那个人还没出现时，一个人也可以把生活过得丰富多彩。

我向小米讲了我另外一个女性朋友瑶瑶的故事。

瑶瑶是个三十岁的单身女性，有着自己喜欢的工作，平常的爱好是旅行、画画、瑜伽、运动。她似乎有很多兴趣，有许多想做的事，一个人的生活经营得有滋有味。

她对待感情的态度就是一切随缘，遇到喜欢的人就尝试交往，遇不到也不着急。她曾说：“我想做的事情有很多，我很享受当下这可控的生活，爱情不可控，谁都不知道它会在哪一天降临我身边。与其抱怨爱情迟迟不来，还不如抓紧时间做好手边的事情。把自己调整在很好的状态再遇见他，也不失为一件很浪漫的事。”

她爱好旅行，这几年她独自走遍了中国的各个角落，还曾去国外几十个国家旅行，并在旅行途中拍了许多美丽的风景和人物。

她喜欢瑜伽、跑步，一有时间就会进健身房，所以身材好得令人羡慕；她喜欢画画，信手涂鸦之作也让人啧啧称赞。

她把所有的精力都投入个人的爱好中，生活过得丰富多彩。没有恋爱、没有结婚有什么关系，你可以把精力投入任何你想做的事情上，你可以尽情地投资自己。二十几岁的确是谈恋爱的一个美好年龄，但真命天子出现之前，你要做的是提升自己并静静等待。

姑娘们，二十几岁是过得最快的一个阶段，你要做的应该是把握好每一天，使每一天都不被虚度。

林心如和舒淇都在四十岁才结婚，在这之前，媒体也总是嘲讽她们是大龄剩女，可如今她们用实际行动告诉大家，她们不是被剩下的，而是在等那个对的人出现。虽然她们这段爱情来得有点迟，但结局是美好的，所以爱情迟到一点，有什么关系？

姑娘们，人生就是这么不可思议，你要相信一定会有人像你一样，也在等你出现。在他找到你之前，努力使自己的外貌和能力都变得更好，好好品味当下的生活，才是你应该做的。当你把自己变得越来越好的时候，也许爱情就来临了。那时你会发现，自己所有的等待和提升都是值得的。

姑娘们，二十几岁，不要担心遇不到喜欢的人，更不必那么恨嫁。爱情可能会姗姗来迟，但不会缺席，你的真命天子终究会出现。

单身，更要对自己认真

单身的时候，总在想如果找到了另一半，一定要和对方一起做很多很多事，比如：一起看日出日落，一起泡温泉，一起去海边散步，一起去环游世界……

是的，两个人在一起做这些事很美好，但是一个人去做这些事也无妨啊。

伴侣出现的时间是无法预料的，你难道等不来伴侣就不去做这些事了吗？在伴侣出现之前，你完全可以活出两个人的精彩。

橘子姑娘是个三十岁的单身女性，她经济独立，还具有行动力，把自己的单身生活过得异常精彩。

她有一张梦想清单，在上面一条条罗列出每年要完成的梦想，然后按照这张清单把自己的梦想一一变为现实，而不是放任它们在纸上发霉。

从二十岁到三十岁，从夏天到冬天，她的每一天都过得充实而有趣。工作第一年，她一个人去爬了泰山，在山顶上看了日出；工作第二年，她去了丽江古城，走遍了那里的大街小巷；工作第三年，她去了日本，在富士山下看樱花；工作第四年，她去了纽约，在那里的百老汇看戏剧……

她说，生命短暂，既然在世上走一遭，就不能错过世上的美景。我很开心我的身边有这样一个朋友，她一直在做着我想做却一直迟迟未做的事。

这天橘子姑娘到了机场，随意买了一张飞机票，要进行一场说走就走的旅行。这样随意洒脱的行为，是多少人向往却迟迟不敢尝试的啊。

我问她："怕吗？"

她反问我："怕什么？"

我说："听不懂的方言啊，可能遇到不好的天气啊……"

"这些都不是事，最大的敌人其实是自己。"她平静地回答。

那一刻，我忽然明白自己就是因为前怕狼后怕虎，才致使许多事情迟迟没有做，让自己的许多梦想只能放在心里。

橘子姑娘对我说，她计划去泰山看日出时，身边的人都想去，但最终都没有陪自己去。他们每个人都找出各种各样的理由拒绝和她同行，比如："我也想去，但是太远了。""我想以后和男朋友一起去。""刚工作，等过两年工作稳定了再去吧。"结果，那个嫌远的到现在也没有去，而那个女孩结交了男朋友也没有去，那个说要等两年再去的现在还在等。

其实我们离诗和远方只有一步的距离，你鼓足勇气踏出那一步，你的人生就会变得不一样，因为你的一小步将会是你人生的一大步。

一个人生活又怎么样，一个人去旅行又如何？有时候，一个人比两个人还要过得精彩，不是吗？

糖果小姐是一个爱美食和旅行并非常懂得享受生活的女生，她用实际行动告诉我们生活是用来享受的，不应被世俗的条条框框限制。

周末，当别人宅在家睡大觉的时候，她在上海一个又一个弄堂里穿梭，拍摄一张又一张具有老上海特色的照片。下班后，当别人在刷微博和朋友圈的时候，她在跟着谱子弹奏吉他。

她从毕业后就一直待在上海，一到节假日就会出去旅游，从一些热门景点到特色小镇，从亚洲到欧洲，再从北美洲到南美洲……如果说世界上真的有一种人，过着既朝九晚五又浪迹天涯的生活，糖果小姐绝对是其中的一个。

糖果小姐年纪已经不小了，不过她对于感情依然抱着随缘的态度，她说纵然这一生注定一个人过，也要过得开心和幸福。

她把自己一个人的生活过得这么充实，我相信不管她的有缘人会不会出现，她的人生都不会留下遗憾。

在上海这个地方待久了，总会认识很多阅历丰富的人。在这个快节奏的城市，没人会一直问你“你还单身啊，为什么还不找对象”这样的问题。

很多单身人士会用实际行动告诉你：哪怕是一个人，又怎么样？一个人，照样可以活得很精彩。

别让自己的玻璃心，扎伤离你最近的人

周六下午，又到了我们四个大学室友相聚的日子。因为毕业后我们都在同一个城市工作，所以就约定了每月一次的聚会。

小芙迟迟不到，我们三个只好点了咖啡，边喝边等。

“啊，终于来了！”燕子这句话引我们抬头看向门口，只见小芙戴着墨镜走进茶餐厅，我们连忙向她挥手示意。

她向来不喜欢戴墨镜，于是我诧异地问：“你今天怎么换了风格？怎么想到戴墨镜耍酷啦！”

这一说不要紧，小芙摘下墨镜时，我们都吃了一惊。她的眼睛红肿得就如两个桃子，而且泪水还在眼里打转。

“你觉得我这样，不戴墨镜可以出门吗？”小芙自嘲道。

我一边给她递纸巾一边问：“这是怎么了，谁欺负你了？”

不说这话还好，她听了我的话哭得更凶了。我们手足无措地看着她。她努力地擦拭眼泪想止住哭泣，可擦干的脸上瞬间又有眼泪流下来。于是，她做了几个深呼吸，稳定了一下自己的情绪，才说了一句让大家震惊的话："我和张振分手了。这次我铁了心。你们可以安慰我，但不要劝我。"

张振是小芙的男朋友，也是我们的大学同学，大二暑假他们开始交往。因为小芙比我们都大一点，所以他们确定恋爱关系后，我们就称呼张振为姐夫。

张振是我们叫了三年的姐夫，原本我们以为这声"姐夫"会叫他一辈子，可谁知这个称呼以后不属于他了。

可能学生时期的爱情都特别单纯美好，让人以为这种美好会持续一辈子。记得当时学校的操场、食堂、图书馆以及附近的影院中，都留下了两人甜蜜的身影。他们很少争吵，即使偶尔产生矛盾也会在半小时之内和好，我们还曾打趣他俩的争吵是在变相地秀恩爱。

他们的恋情从校园一直持续到毕业后参加工作，我们以为这两年工作稳定后就会收到两人的结婚请柬，可谁知这时候居然听到他俩分手的消息！

小芙说："我喜欢他，特别喜欢他。这三年，他对我也很好。可是你们知道吗？他太玻璃心了，经常扎得我心疼。"

小芙一边说，一边擦眼泪和鼻涕。

我们一头雾水，面面相觑。

小芙稳定好情绪后，向我们讲述了他们分手的原因。

张振前两天陪小芙去屈臣氏买了一瓶爽肤水和一瓶洗面奶，接下来又去商场的其他专柜逛了逛，当走到SK-Ⅱ的柜台时，小芙拿起神仙水看了又看，摸了又摸，迟迟不忍放下。

女生在护肤品和化妆品面前都走不动路，小芙也不例外。

张振说：“这有什么好看的，你不是刚刚在屈臣氏买了一瓶吗？”

“你看，这么一小瓶居然要1200元，是我刚刚买的十倍的价格呢！不愧是神仙水啊，我还从来没用过呢。你说这一小瓶怎么就这么贵啊，以后我要更加努力赚钱了，这就是我上班的动力！你也要多努力，争取有一天买这个送给我啊。”小芙一手拿着神仙水一手拉着张振说道。

谁知这句话居然惹恼了张振，他松开小芙的手沉着脸说：“你别暗示我了！”

小芙一脸迷茫地问：“我暗示你什么了？”

“你带我来这个柜台什么意思？不就是想说我穷吗，不就是暗示我刚刚给你买的太便宜了吗？那你直接说啊，我觉得你现在的价值观有问题。”

“张振，你在胡说八道什么啊！我带你来这里只是因为我之前没看过这个柜台，都是在广告上看的，路过这个柜台就想看看而已啊，你想哪去了！再说了，我给你暗示什么了，又怎么上升到价值观上了？你现在怎么这么玻璃心啊！”

小芙也生气了。以前张振因为这类事发脾气时，她会觉得是自己不好，怪自己说错话了，可是张振这次竟然说她价值观有问题，这让小芙接受不了。

小芙决定如果张振这次不认错，绝不原谅他。张振却压根不觉得自己有错，反而生气地走了，把小芙一个人留在了那个商场。

小芙看着那些携手过马路的男女，越想越委屈，于是哭着跑回家。本以为他会打电话道歉，可是整个晚上一个电话都没有。

小芙一夜没睡，她想与其以后每次都这样难过，就连对他说话都要小心翼翼、反复斟酌，时刻照顾他的玻璃心，还不如就此结束这段感情。

于是第二天早上，她哭着向张振发了分手短信。

张振收到短信后，迅速过去找她。他说："就因为这点芝麻大的事，你就和我分手，没必要吧，别闹了。"

"我曾经也觉得你的敏感压根不是个事，谁还没有个玻璃心啊。可如今，我觉得这就是一件大事。在你面前，很多话我都不敢说，特别担心哪一句话说错了让你玻璃心碎一地。有时候，我真的不知道我哪句话就惹你不舒服了，你那莫名其妙的玻璃心经常让我一头雾水，你觉得这是情侣该有的样子吗？你心里难过，我更不痛快。你的玻璃心经常扎到我，我试着去抚摸这个伤口，让它痊愈。可是你知道吗？经常被割，就痊愈不了了。"

"那我改还不行吗？"

"你摸着自己的良心说，这话你说了多少遍了？到现在为止，你改过吗？我一个同事买房时，我就随口和你提了一下，你就说我是暗示你买房，嫌弃你没钱。另外一个同学结婚时，我随口和你提了一句男方给女方的彩礼，你就说我是在暗示你准备彩礼，说我就知道钱。张振，你还要我列举吗？我为了不伤害你的玻璃心，好几次话到嘴边了，我又生生咽下去。提到钱你就玻璃心，可是我从来没嫌弃过你穷啊。"

我们都有脆弱的时候，也都有自己的敏感区。谁还没有个玻璃心啊！可是有时候，我们要认真想一想：自己是否敏感过了头？一个人怎么折腾都可以，可是两个人就不行。倘若你敏感过头，导致伴侣和你交谈时都小心翼翼，还怎么共度一生呢？

遇到玻璃心严重的人还是绕道走吧，与这样的人相处只会把自己搞得疲惫不堪。在这里奉劝一下玻璃心严重的人，你的心碎一地，只会扎伤离你最近的人。

认真的喜欢，
绝对不会牵扯暧昧

午夜十二点，接到马尾姑娘的电话，她哭着告诉我：“我终于和他说清楚了，我拉黑了他的电话、微信和QQ，可是我现在还是很委屈。”

马尾姑娘今年二十四岁，半年前在朋友婚礼上遇到了刘先生。当时，刘先生和她坐在相邻的位置，桌上的其他人似乎都认识，聊得热火朝天，只有他们两个坐在那里，尴尬地低头玩手机。

为了缓解尴尬，刘先生主动和马尾姑娘聊天，没想到两个人竟然是同行，而且住的地方还挺近。多认识一个朋友总归是好的，所以当婚礼结束时，刘先生要加马尾姑娘微信时，她没有拒绝。

刘先生后来经常约马尾姑娘出去吃饭、看电影，周末还会开车带马尾姑娘出去玩。

马尾姑娘两个月前对我说，她觉得自己喜欢上了刘先生，刘先生很多细心的举动让她觉得很暖心。

在餐厅就餐时，她的口味喜好刘先生都会牢记在心，并会

贴心地为她布置餐具。

当两人过马路时，刘先生会紧握她的手，并贴心地把她挡在机动车道的另一侧。

当她不知道去哪儿玩时，刘先生会规划好行程，带她出去散心……

都说成为情侣之前的暧昧期是最让人怦然心动的，马尾姑娘对此也深有感触，她觉得与刘先生刚认识的那段日子，是她这几年最幸福的时光，每一天睡觉前都对第二天充满了期待。

就这样，一个月过去了，半年过去了，刘先生对马尾姑娘仍旧照顾得无微不至，但就是迟迟不肯表白。马尾姑娘开始着急了。

她再也无法坦然接受刘先生每天雷打不动的“早安”和“晚安”的问候语，也再也无法接受过马路时，刘先生自然而然牵起她的手。

这样的举动明明是情侣才会做的，马尾姑娘不想继续这种友人之上，恋人之下的状态了。她最近经常为这事发呆，这样的关系既没有安全感，也没有归属感。她觉得爱情就应该明明白白说清楚，不然就是浪费两人的时间。

于是，马尾姑娘把刘先生约到了他们常去的咖啡厅。

刘先生自然而然地向服务员点了两杯卡布奇诺，马尾姑娘的心又柔软了起来，他牢记了自己所有的喜好。

当服务员把咖啡端到他们面前时，马尾姑娘已稳住了心神，她不再犹豫，直奔主题：“你说，我们之间的关系算什么，普通朋友吗？”

刘先生正在品尝咖啡，被马尾姑娘的突然一问给呛住了，他用纸巾擦了擦嘴，才问道：“什么？”

马尾姑娘继续说：“我今天约你出来，就是要一个答案，我喜欢当面把话说清楚。从小到大，没有男生像你这样对我好，这几个月来，你一直对我百般照顾。我觉得自己喜欢上了你。估计你也看出来了。我今天想要的就是你的一个态度，我们别再暧昧不清了，喜欢就谈恋爱，不喜欢就各回各家，各找各妈吧。”

刘先生没有说话，两个人就这样静坐了五分钟。这五分钟，对于马尾姑娘来说，比一个世纪还长。其实在静坐的这五分钟里，马尾姑娘的心里已经有了答案，如果说刘先生用半年的时间让马尾姑娘沉醉在他的柔情里，他用这五分钟的沉默把她拉回了现实。

五分钟过后，刘先生终于开口了：“马尾，你可能误会了，我只是把你当小妹妹一样照顾，我以为我们是很好的朋友。”

多么可笑的解释，马尾姑娘强忍着泪水，在脑中回想了一遍两人的相处画面。既然不喜欢自己，何必这样处处殷勤?

不喜欢自己，何必在自己加班到深夜的时候，主动开车来接自己下班?

不喜欢自己，何必在自己想吃郊区一家有名的生煎包的时候，他二话不说开一个小时的车去买?

不喜欢自己，何必在自己生病时，立马带自己去医院，衣不解带地照顾自己?

既然不喜欢自己，何必引起自己的误会?

在成为情侣之前的暧昧期的确是最让人怦然心动的，可持续的暧昧只会让人痛苦不堪，不知道该继续还是该放弃。

马尾回到家里，一遍又一遍播放着《暧昧》这首歌，她觉得这首歌的歌词就像专门为她写的，句句戳她的心窝：暧昧让人受尽委屈，找不到相爱的证据，何时该前进，何时该放弃，连拥抱都没有勇气……

人人都说，这世界上最心酸的爱情就是一厢情愿。马尾姑娘却说，一厢情愿不可怕，可怕的是那个人明明不会和你在一起，却偏偏还对你好，与你暧昧不清。这种暧昧，既给了你希望，也给了你绝望。

人的一生，难免遇到只会跟你暧昧的人，因此一定要擦亮自己的双眼，看清楚那个人的心理。对于那种只是逗你玩的暧昧，还是敬而远之吧。人生就这么长，真心还是留给值得的人吧。

曾经一听就会流泪的歌，你现在还敢听吗

周末，和闺蜜小玥去外滩溜达，晚上坐地铁回来时，还没出地铁站远远就听到一首《夜空中最亮的星》，我赶紧拉着她想从另外一个出口绕出去。

没想到她说："没关系，我已经不再害怕听这首歌了。"

我半信半疑，因为从前的她每次听到这首歌都会泪流满面，身边的所有朋友都不会在她面前播放这首歌，更不会在KTV点这首歌。以前在超市购物的时候，超市响起了这首歌，她就一直站在那儿哭泣，直到引起大家围观；在餐厅吃饭的时候，餐厅响起了这首歌，她就放下筷子，躲到卫生间里一直哭到全身发抖；晚上去广场看喷泉的时候，广场上的流浪歌手唱了这首歌，她就哭到不能自已……

这样的情况，发生的次数太多了。每当这首歌响起，小玥就会想起自己那段刻骨铭心的初恋。

高一的时候，小玥和高进成了前后桌。似乎，命运就是那时候把他们牵到了一起。

小玥擅长文科。高进什么科目都很棒，如果非要说哪门功课不好的话，就是语文了，因为语文科目的第一名一直是小玥。

他们经常一起讨论问题，慢慢地，他们习惯了一起学习，一起玩耍，更习惯了彼此的陪伴。虽然懵懵懂懂，但小玥逐渐依赖高进，高进也总是想见到小玥。这大概就是爱情最初的模样吧，不明说，彼此却都明白。

小玥的化学成绩最差，高进经常辅导她学习化学。为了提高她的化学成绩，高进经常带她去实验室做一些神奇的实验，然后深入浅出地教她一些原理，让她从本质上理解这些原理，并能够做到举一反三。

小玥在高进的辅导下，不仅化学成绩逐渐提高，而且还爱上了化学。她的成绩也从班级的中上水平升到了班里的前五名，而高进始终保持着班级第一名。

因为升学压力，大部分人会觉得高中三年格外漫长，可他们却希望这三年能过得慢一点，再慢一点。

就像所有美梦都会醒来一样，他们终究迎来了毕业，考上了不同的大学，庆幸的是他们的大学在同一所城市。

大一的时候，高进经常去小玥的学校和她一起吃晚饭，晚饭过后两人一起去操场听歌。那时候，两人都特别喜欢静静地依偎在校园的操场上聆听这首《夜空中最亮的星》：

我祈祷拥有一颗透明的心灵

和会流泪的眼睛

给我再去相信的勇气

越过谎言去拥抱你
每当我找不到存在的意义
每当我迷失在黑夜里
夜空中最亮的星
请指引我前进……

他们相依而坐，任音乐在耳边环绕，那一刻，好像世界只剩了他们和音乐。高进有时会跟着哼唱，只是明明悲伤的歌曲却被他唱出欢快的感觉。

小玥说："你不要唱得那么欢快啊，和这首歌的旋律一点都不搭。"

高进笑着说："我只是希望你听的每一首歌都是开心的。"

听到这样的话，小玥害羞地抱着高进，决定毕业后就要嫁给他。

时间匆匆而逝，转眼他们就到了大四。那天晚上，他们坐在操场上像往常那样听着这首歌。月光正好，跑步的人换了一批又一批，不同于以往的是，高进这次认认真真地唱了这首歌。小玥问他今天怎么唱得这么好，高进用微笑回答她。

第二天，小雨淅淅沥沥地滴了一天，小玥心情有些烦躁，就想找高进聊聊天，可是高进的手机关机了，就连社交工具上也联系不到他。

小玥想可能他在忙着准备毕业论文，于是决定明天再联系他。谁知接下来的三天一直联系不上高进，小玥这才着急了，她最后通过高进的舍友才知道高进已经去美国了。于是，小玥又从高进的好哥们那里要到了高进现在的电话号码。

拨通电话后，那头刚传来一句“喂”，小玥就哭了起来。她好不容易才稳住自己的情绪，问道：“你出国为什么不告诉我，你这算什么，我们这么多年的感情到底算什么？”

高进在电话那头平静地说：“我很爱你，但我不想要一个横跨太平洋的爱情。我想继续读研，留学一直是我的梦想，如今我们隔着十二小时的时差，感情很难维系，还是忘了彼此吧。”

“你凭什么觉得我不会陪你出国？”

“我不想你为了我而委屈自己。”

……

两个人哭着挂了电话。

两年后，高进也曾为他这种不成熟的做法向小玥道歉，但这些对小玥来说已经不重要了。

那天晚上从地铁站出来后，小玥把这首歌听完，在流浪歌手面前的盒子里放了钱，对歌手说：“请问可以再唱一遍刚刚的那首歌吗？”

我陪她坐下又听了一遍那首歌，小玥对我说：“我已经释怀了，这次我是真的走出来了。你还记得我和你提过的一个男同事吗？有一天晚上加班，我和他一起出来吃夜宵，路过广场时，再一次听到这首歌，他说这首歌很好听，我点点头。和他一起听这首歌时，我会觉得特别美好。那天风很大，他把自己的外套披到了我的身上。”

“你是对那个男同事……”

“是的，从那天起，这首歌带我开启了另一段恋情。”

我开心地点了点头，我相信，她会和那个人一起谱写出另外一段更美的故事，而那段故事的主题曲，依然是这首曾经让她心碎的歌，只是这一次，会是美好的旋律。

有时候，歌曲之所以打动人，或许就是这首歌的歌词唱到了人们的心里；也或许是这首歌，曾经和某个人一起听了一遍又一遍，于是当这首歌响起时，我们的脑海中就会不自觉地闪过那些在一起时的画面。

当有一天，对的人出现后，你们一起听到曾让你流泪的歌时，我想那首歌还是会继续打动你，只是，你会换种心情来欣赏它。

如果认真爱上，即使相隔千里也能甘之如饴

异地恋就是吃到好吃的食物，一定会记下店名，只为下次能和你一起去。

刚上映一部电影，影评非常好，就盼着相见的日子快快到来，因为想和你一起看。

买了回程票却为了陪你多待一会儿，改签了一遍又一遍，在不得不走的那一刻，还是忍不住回头看你无数遍。

心里骂了不下一万遍，这该死的异地恋什么时候才能结束，可因为是你，我愿意承受这异地恋。

身边的一个男生，他在大四的时候和本校一名研一的学姐在一起了。

毕业后，男生来到了上海，他的女朋友开始读研二。自此，他们开始了异地恋。

偶然的一个机会，我发现他的手机屏幕上显示的是武汉的天气，我感到很奇怪，因为他的老家是江苏的，为什么手机上显示的是武汉的天气呢？怎么不是江苏或者上海的啊？

当我把疑问抛给他时，他告诉了我答案："女朋友在武汉读书，如果武汉第二天会降温，我就会提前知道，然后提醒她出门的时候多穿点衣服。"

这简简单单的一个答案却体现了多少细腻的爱啊。

因为是异地恋，他会把所有吃过好吃的店都记下来，只为在女朋友来上海时，能和她一起去吃。

当逛街时看到女朋友喜欢的毛绒玩具和漂亮的挂饰，他会买下来，等去武汉的时候送给她。

观察他在生活中的这些小细节，我才发现，原来异地恋也可以给对方足够多的关心。

在手机上添加对方所在城市的天气，是为了在你那个城市降温的时候，虽然不能给你披上一件外套，但可以提前提醒你多穿一点；是为了在你那个城市下雨的时候，虽然不能给你送去一把伞，但可以提前提醒你带伞。

爱有时候就是这么简单，只要你心里有对方，你就会很自然地为对方着想，自然地关注和她有关的一切。

今年夏天，男生的女朋友毕业后来到了他的城市，两个人在上个月领证了，现在他们为了他们的未来一起奋斗呢。

辣椒姑娘两年前出差去北京，认识了工作上的伙伴木头，接触一个月后对他有些好感。

她以往喜欢一个人要接触好久才能确定，这次却对一个刚认识不久的人牵肠挂肚。这种感觉让她很慌乱，她不断地告诉自己，一定是自己搞错了。

可是爱情就是这么不可思议，她惦记木头，木头也放不下她。

两个月后，木头的公司需要派两个人来上海出差，一向出差不积极的他第一次主动申请来上海。

有时候，缘分就是这么妙不可言，再一次的相遇让他们都不想再错过。

辣椒姑娘说，那个时候她顾虑重重，因为上一段异地恋就因为各种原因没有成功，万一重蹈覆辙呢？她告诉自己一万个不能和他在一起的理由，可心底总有一个声音冒出来：我真的想和他在一起。

“因为是他，心里满满的都是他，于是我忍不住想再试一次，无论结果怎样，我都认了。就算最后没在一起，也比余生后悔要好。”辣椒姑娘对自己说。

他们就这样在一起了。

在一起后，他们必然也会经历所有异地恋情侣们的心酸。

有美景美食相伴，可身边却独独缺少一个你相陪。于是，两人格外珍惜在一起的分分秒秒，即使疲惫不堪也舍不得闭上双眼，因为不知再次相逢时会是哪天……

终于等来了相见的时间，可你需要加班。于是，只能把一起去玩的计划往后延，可是下次相见的时间又会是哪天呢……

辣椒姑娘某一天夜晚给木头发了条短信：想你想得睡不着。

第二天傍晚她收到了木头的信息，信息中写道：看在你这么想我的分上，给你寄了个快递，现在请开门查收快递。

辣椒姑娘打开门，发现门外并没有快递，只有一个人——木头！

木头气喘吁吁地说：“我不想再继续这该死的异地恋了，于是什么都没带就过来了。对我来说，这个城市很陌生，我不认识这里的任何人，我只有你，你愿意收留我吗？”

原来木头收到辣椒姑娘的信息后，越想越觉得异地恋难熬，于是第二天就到公司办理了离职手续，然后坐车来了上海。一想到以后可以和辣椒姑娘朝夕相处，他就兴奋异常，下车后就向着辣椒姑娘家一路狂奔……

辣椒姑娘哭着说非常乐意，然后两人深情相拥。

异地恋的悲哀和无奈，或许只有经历过的人才懂吧。异地恋很艰难，因此经历过异地恋的人都不愿再异地恋，可是如果很爱一个人，即使是异地恋我也愿意。